微信公众平台

数智化知识服务研究

程子轩　著

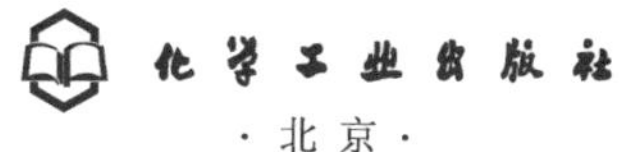

·北京·

内容简介

在移动互联网时代，微信公众平台已然成为人们交流、休闲、学习、生活的一部分，并逐渐成为人们获取知识的重要途径。本书首先从“数字智慧化”角度通过分析用户心理和行为数据构建用户画像，深入分析用户需求；随后从“智慧数字化”角度针对用户需求采用文本挖掘技术凝练知识内容，并基于不同知识资源聚合方法设计了微信公众平台知识推荐服务和知识集成服务两种知识服务模式；最后提出了提升微信公众平台知识聚合及服务能力的对策建议。

本书适用于知识服务及数据挖掘领域相关的学生及研究人员、微信公众平台或其他自媒体平台管理及技术服务人员和对数智化服务感兴趣的读者，希望本书能为他们在微信公众平台运营推广与创新服务模式方面开阔思路、提供参考。

图书在版编目（CIP）数据

微信公众平台数智化知识服务研究 / 程子轩著. -- 北京 : 化学工业出版社，2024.7

ISBN 978-7-122-45502-4

Ⅰ.①微… Ⅱ.①程… Ⅲ.①互联网络-应用-知识管理-研究 Ⅳ.①G302

中国国家版本馆CIP数据核字(2024)第082152号

责任编辑：夏明慧　　文字编辑：沙　静　张瑞霞
责任校对：宋　夏　　装帧设计：溢思视觉设计 E-mail: isstudio@126.com ／程超

出版发行：化学工业出版社
（北京市东城区青年湖南街13号　邮政编码100011）
印　　装：涿州市般润文化传播有限公司
710mm×1000mm　1/16　印张13　字数200千字
2024年10月北京第1版第1次印刷

购书咨询：010-64518888　　售后服务：010-64518899
网　　址：http://www.cip.com.cn
凡购买本书，如有缺损质量问题，本社销售中心负责调换。

定　　价：78.00元　

前言

在移动互联网时代，微信公众平台已成为人们交流、休闲、学习、生活的一部分，随着以传播知识为主的微信公众号涌现，微信公众平台也逐渐成为人们获取知识的重要途径。一些综合性或专业领域的微信公众号发布各类科普知识和前沿资讯，一些学术类微信公众号发布学术领域内相关的学术知识，部分高校学报和高校图书馆微信公众号还专门开设“学术播报”“学术快讯”等专栏，用于发布学术讲座及学术前沿知识。各类机构或个人通过微信公众平台发布大量科普知识、专业发展前沿资讯、专业学术知识以及学术专题等，能够满足不同专业和认知层面用户的知识内容需求。然而，微信公众平台知识内容以用户生成为主，庞大纷杂的微信公众平台账号主体直接导致平台信息和知识质量的参差不齐，出现信息过载和“迷航”现象，平台对海量知识资源缺乏科学高效的组织和管理。当前，随着大数据、人工智能等技术的发展，简单提供知识资源内容已经无法满足微信公众平台用户的知识服务需求。智能时代，用户对知识质量和知识服务模式提出了更高的要求，促使微信公众平台知识组织和服务转型。如何在海量纷杂的信息中筛选出真正需要和感兴趣的知识资源内容不仅是广大微信用户面临的难题，更是微信公众平台需要关注并解决的问题。

本书将知识聚合理论与方法引入微信公众平台知识资源组织及服务研究中，提出了微信公众平台数智化知识服务体系框架，构建了微信公众平台用户画像并对用户知识需求进行了分析，从知识单元和句子层面分别提出了基于标签聚类和基于摘要生成的微信知识资源聚合方法，并基于不同知识资源聚合方法设计了微信公众平台知识推荐服务和知识集成服务两种知识服务模式，提出了提升微信公众平台知识聚合及服务能力的对策建议。

本书在理论层面上将知识聚合理论和方法引入对微信公众平台的研究中，解决其知识组织和服务问题，拓展了知识聚合相关研究的领域和视角。同时，本书对微信公众号发布的知识内容进行知识主题聚类和自动化摘要生成，并建立相应的知识聚合服务体系，丰富了社交媒体平台知识服务创新的理论体系，为新媒体知识服务提供理论和技术支持。在实践层面，本书针对微信公众平台中不同微信公众号发布的资源内容，分别进行了知识主题发现和自动生成摘要的聚合技术实证，为微信公众平台知识资源组织管理提供了技术方法和手段。同时，提出的对策建议和服务模式也为微信公众平台开展创新型知识服务提供了参考和借鉴。

本书适用于知识服务及数据挖掘领域相关的学生及研究人员、微信公众平台或其他自媒体平台管理及技术服务人员和对数智化服务感兴趣的读者，希望本书能为他们在微信公众平台运营推广与创新服务模式方面开阔思路、提供参考。

本书为吉林省科技发展计划项目“移动自媒体平台数智化精准知识服务及关键技术研究”（20220508039RC）的研究成果。因笔者水平有限，书中难免存在疏漏与不足，敬请读者批评指正。

著者

目录

第6章　基于摘要生成的微信公众平台知识集成服务　/ 124

第 1 章

绪论

1.1 微信公众平台知识服务发展现状

1.1.1 微信公众平台成为用户获取知识的重要途径

在移动互联网时代，新媒体与大数据技术飞速发展，以微博、微信、各短视频平台等为代表的新媒体已然成为人们交流、休闲、学习、生活的一部分。微信自2011年推出以来以其轻巧便捷等优势迅速霸占智能终端即时通信服务市场，随着信息技术的不断发展，微信相继推出微信公众平台、朋友圈、视频号等功能服务以进一步扩大用户群体规模，至今全球已有超过13亿微信注册用户。微信公众平台凭借庞大的微信用户群体迅速成为最具影响力的信息传播媒体平台之一。2013年，微信公众平台对平台账户类型进行了调整和细分，以订阅号为主的公众号成为政府、企业以及个人进行信息资讯传播的重要途径。微信公众号所发布的信息内容涉及政务、科技、娱乐、健康等多个领域，相应地，以传播学术知识为主的公众号逐渐涌现。

根据清博大数据官方统计，用于传播学术知识的微信公众号在微信用户群体中具有较强影响力，其中月微信传播指数（WCI）达到800的公众号有50多个，最高的达到1600以上。“科普中国”“瞭望智库”“慕格学术”等综合性学术微信公众号综合发布各类学术知识，每周总阅读数高达几百万；《中国中药杂志》《机械工程学报》《中国给水排水》等学术期刊微信公众号发布学术领域内相关的学术信息，每月总阅读数可达十余万；一些高校学报和高校图书馆微信公众号还专门开设“学术播报”“学术快讯”等专栏，用于发布学术讲座及学术前沿知识。

1.1.2 微信公众平台知识资源海量庞杂且质量参差不齐

微信公众平台自开放之日起便引起各界广泛关注，加上平台账号注册范围广、门槛低，账号数量快速增长，截至2019年，全国微信公众号数量已超过2000万个。庞大纷杂的账号主体直接导致微信公众平台信息质量参差不齐、信息过载现象严重。

首先，相同领域微信公众号众多。微信公众号发文主题涉及政治、经济、娱乐、生活、学术、健康等方方面面，各微信公众号类别下都有相当数量的账号。不可避免地，这些公众号发文主题相同、内容相近，从而造成微信公众平台信息过载现象。其次，公众号运营主体和内容创作者水平存在差异。微信公众平台是一个开放性平台，注册账号时对公众号运营主体和内容创作者的能力水平并不进行考核和筛选，这就导致公众号发文质量参差不齐。部分公众号直接转载或大量复制其他媒体信息资源，导致平台信息过载现象严重。另外，微信公众平台监管成效不足。尽管微信先后对微信公众号用户注册数量进行了限制，对信息推送规则进行了调整，还对原创内容的格式、重复率等提出了要求，一定程度上提升了公众号发布信息的质量和原创性，但是注册账号主体的应对措施层出不穷，平台信息质量问题和信息过载现象依然存在。

然而，微信公众平台的信息质量对微信用户的采纳和关注意愿、微信公众号影响力等方面都有显著影响。特别是对知识内容的发布，用户更加注重其科学性、严谨性和新颖性。因此，如何在海量雷同的信息海洋中筛选出真正需要和感兴趣的内容是广大微信用户面临的难题，更是微信公众平台需要关注并解决的问题。

1.1.3 用户日趋追求精准和智能化的知识服务

智能时代，微信公众平台渐渐成为人们获取知识的重要途径，同时衍生出配套的知识服务，而随着信息技术的日新月异和大数据时代到来，微信公众平台用户知识需求发生了变化。一方面，受到移动智能终端设备屏幕和网络的影响，用户期望微信公众平台能够提供适应设备特点的服务方式，能够根据用户特征、设备特点和网络状况自适应提供智能化的服务，提高用户体验和满意度。另一方面，随着微信公众平台用户数量和微信公众号自媒体数量的激增，微信公众平台发布了大量的知识资源和内容，用户在享受知识增量的过程中，也深受到知识虚假、冗余和过载等生态性问题。用户期望微信公众平台能够面向用户需求提供更加精准和智能的个性化知识服务，以减少用户知识搜寻的时间和精力成本，提高知识搜寻和获取的效率，加速知识流动和传播。

为用户提供精准、智能化的知识服务已然成为微信公众平台建设发展的趋势。随着大数据和信息技术的发展，微信公众平台已具备了提供精准、智能化知识服务的硬件条件。先进的信息技术和大数据挖掘技术为实现精准知识服务提供了技术支撑，如文本挖掘技术、聚类技术、推荐技术等，借助这些技术，平台能够更好地进行知识加工、知识管理和知识发布。同时，近年来精准知识服务引起众多学者关注，前期的大量研究为微信公众平台精准知识服务提供了理论支撑。精准知识服务是面向用户个性化知识需求的创新知识服务模式，目前在智库、高校图书馆、数字出版业、虚拟学术社区等领域均有所应用，这也为微信公众平台开展精准、智能化的知识服务提供了参考依据。

1.2 微信公众平台知识服务研究的价值

（1）理论价值

① 将知识聚合理论和方法引入到对微信公众平台的研究中，扩展了知识聚合相关研究的领域和视角。知识聚合理论已广泛应用于机构知识库、数字图书馆、社会化问答社区等对象的知识聚合研究中，鲜有针对社交媒体知识聚合的研究。本书将知识聚合理论与方法拓展应用到微信公众平台的知识组织与服务研究中，基于微信公众号用户的知识需求，分析了微信知识聚合的聚合机理、聚合对象、聚合目标，设计了聚合方法，并提出了基于知识聚合方法的更加精细化、智能化、个性化的微信知识服务模式，拓宽了知识聚合理论在微信公众号的应用场景。

② 丰富社交媒体平台知识服务理论体系。本书从“数字智慧化”角度基于微信公众平台用户知识需求，分析了微信用户知识需求层次和动态演化过程，构建微信用户群体画像，提出了面向用户知识需求的数智化知识服务模式，丰富了社交媒体知识服务理论体系。同时，本书从“智慧数字化”角度对微信公众平台发布的知识内容进行知识主题发现和自动化摘要生成，并建立了相应的知识聚合服务体系，丰富了新媒体知识服务、学术机构知识服务的理论体系，为学术新媒体知识服务提供理论和技术支持。

（2）实践价值

① 为微信公众平台知识资源聚合提供技术方法和手段。本书实现了面向微信公众平台中不同微信公众号发布的资源内容，分别进行知识主题发现和自动生成摘要的聚合技术实证。在知识主题发现的研究中，采用了融合Word2vec（生成词向量模型）和TextRank算法（文本排序算法）的知识标签生成方法，并基于改进的BIRCH算法（综合层次聚类算法）实现了微信公众平台知识资源聚合；在微信公众平台文本自动生成摘要的研究中，基于改进TextRank算法的微信公众平台知识摘要生成方法，实现了单文档和单领域多文

档知识摘要生成。通过比较与验证，优化了知识聚合的效率和效果。提出的知识聚合方法能够为微信公众平台知识组织与服务提供技术支撑。

② 为微信公众平台开展数智化知识服务提供了参考和借鉴。本书以用户知识服务需求为导向，实现了微信公众平台用户画像的构建，提出基于知识聚合的微信公众平台创新知识服务模式，从而提高微信公众平台知识服务能力和质量。构建了基于知识标签聚类的微信公众平台知识推荐服务模式，面向用户个性化需求匹配平台现有的知识资源，有效提高知识资源利用率。通过构建基于知识摘要的微信公众平台知识聚合服务模式，为用户提供了知识资源集成和聚合服务，为用户节省了知识搜寻的时间和精力。

1.3 国内外网络平台知识服务研究

1.3.1 网络知识资源聚合的国内外研究

1.3.1.1 国内研究

以中国知网作为文献来源数据库，检索主题设为“知识资源聚合”或“知识聚合”，时间限定在2011—2021年，共检出189条中文文献，剔除非网络知识资源聚合的文献，共获得相关文献117篇，国内知识资源聚合的研究起步较晚，成果相对较少。以这些研究成果为样本进行分析，图1-1和图1-2分别是关键词共现图谱和时区图。从图1-1中可以看出目前国内网络知识资源聚合的研究热点主要包括数字资源聚合、知识聚合与服务、知识发现等。图1-2反映了国内网络知识资源聚合的研究进展，发现初期主要以馆藏数字资源为聚合对象，后来随着在线学术社区和社交媒体的发展以及用户知识需求的增多，网络知识资源聚合、知识发现、知识推荐等研究主题逐渐成为热点。知识资源聚合的方法与技术也经历了从关联分析、社会网络分析、语义分析到聚类、文本挖掘的发展过程。

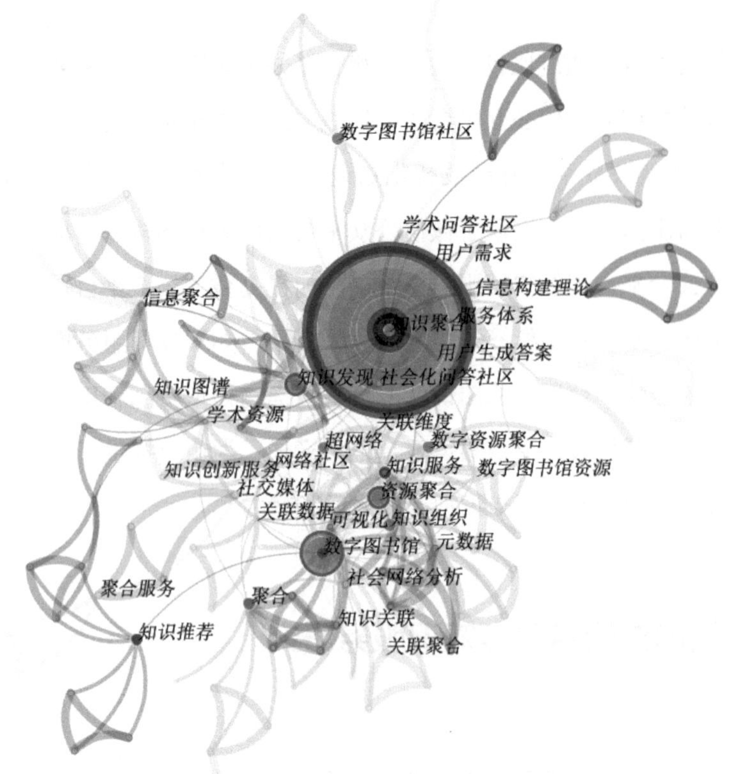

图 1-1　国内网络知识资源聚合研究关键词共现图谱

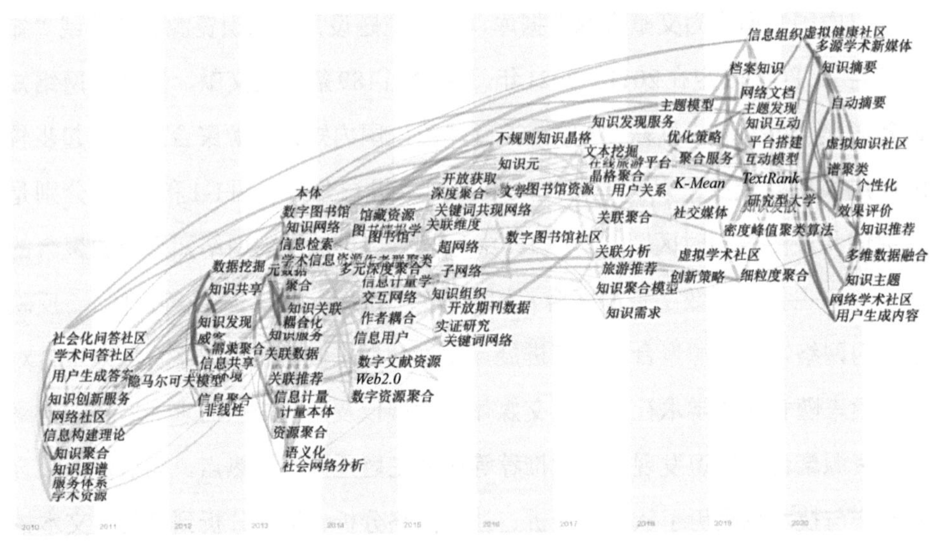

图 1-2　国内网络知识资源聚合研究关键词共现时区图

（1）网络知识资源聚合研究的热点主题

① 数字资源聚合。该主题下主要是数字图书馆资源聚合模式与模型构建，以及基于数字资源聚合的知识服务研究。王传清等结合超网络理论，构建和描述了数字资源超网络，并分析了引用、共现、耦合等关系类型，从关联维度构建了数字资源超网络聚合系统模型；曾群等基于文献资源的内在关联和用户行为关联提出了数字图书馆信息资源综合聚合模式；张建红基于语义关联分析了海量数字资源的知识聚合方法，并构建了知识聚合模型，基于此提出了数字图书馆的智能推拉、概念图，以及参考咨询等创新服务模式。

② 知识聚合与服务。目前，虚拟学术社区、社会化问答平台、社交媒体等网络知识聚合研究成为前沿议题，包括知识聚合模型构建与知识服务等内容。张连峰等通过对用户知识需求的分析，提出融合主题与SECI模型的虚拟学术社区知识聚合的模型架构；郭顺利等基于用户需求，构建了社会化问答社区的知识聚合服务体系框架，讨论了基于知识聚合的知识导航、知识推荐、知识融合等服务功能；魏扣等搭建了社交媒体环境下的档案知识聚合服务平台，该平台融合了知识处理、知识聚合、知识服务、知识反馈等多项功能，确保知识检索、导航、推送等服务的实现。

③ 知识发现。该主题下的研究主要围绕知识聚合在知识发现中的应用展开。夏立新等以网络资源为研究对象，依据知识发现的基本流程（从数据准备—数据挖掘—解释与评估）提出了基于多维度聚合的网络资源知识发现基本框架；通过文本挖掘，对在线旅游平台中关于路线、景点、体验等游记信息进行提取，从知识聚合的视角对代表性知识进行挖掘和呈现；赵夷平提出了基于关联聚合的机构知识库资源知识发现的体系框架。

（2）网络知识资源聚合的方法与技术

根据关键词共现时区图可以发现，早期国内学者较多地采用关联数据、语义分析方法进行知识聚合，如赵芳提出了基于关联数据的网络社区学术资源聚合模式；毕强等探讨了基于语义的数字资源超网络深度聚合的流程和方法；

商宪丽等提出了一种基于标签共现的学术博客知识资源聚合的方法，该方法是通过语义关联和内容关联实现相关标签的挖掘。随着大数据的发展，数据挖掘、机器学习等技术被广泛应用到知识聚合与发现领域。陶兴等提出了两种在线社区用户生成内容知识聚合的方法，一种是基于LDA（Latent Dirichlet Allocation，隐含狄利克雷分布）主题模型和W2V-MMR Word2vec和MMR（Maximal Marginal Relevance，最大边际相关性）算法相结合的方法自动摘要技术，另一种是基于TextRank方法和密度峰值聚类算法（DPCA）实现；张海涛等提出了一种基于知识主题相似度矩阵的谱聚类方法，用于对虚拟健康社区中的知识进行抽取。

1.3.1.2 国外研究

本书选择SCI（科学引文索引）和SSCI（社会科学引文索引）数据库作为检索平台，设置检索式：(TS=aggregation AND WC="INFORMATION SCIENCE & LIBRARY SCIENCE" OR TS="Knowledge aggregation" OR TS="Resource aggregation" OR TS="content aggregation" OR TS="Knowledge fusion")，时间限定在2011—2021年，检索后去除无关文献共获得120条结果。利用CiteSpace（引文空间）进行关键词共现分析，得到图1-3。从中可以看出，关键词“知识融合”“知识聚合”“分类”“聚类”“深度学习”“本体”“决策支持”“社交媒体”“信息检索”等出现频率较高。国外网络知识资源聚合研究主要集中在两个方面：知识聚合的方法与技术、知识聚合的应用。

（1）知识聚合的方法与技术

近年来，随着数据挖掘、云计算、人工智能等技术的发展，大数据环境下的文本资源、网络学术资源呈现出动态性、多样化特征，面向用户需求与服务需求的知识聚合方法与技术也不断更新。国外学者提出了多种方法与技术，主要包括基于语义、本体、多维关联分析、文本挖掘、机器学习等。Prat基于类图和产生式规则表示法，对结构复杂并具有高度语义相关的知识进行聚合；Anderliks等使用领域本体作为数据仓库中的语义维度，实现知识聚合；Lynda

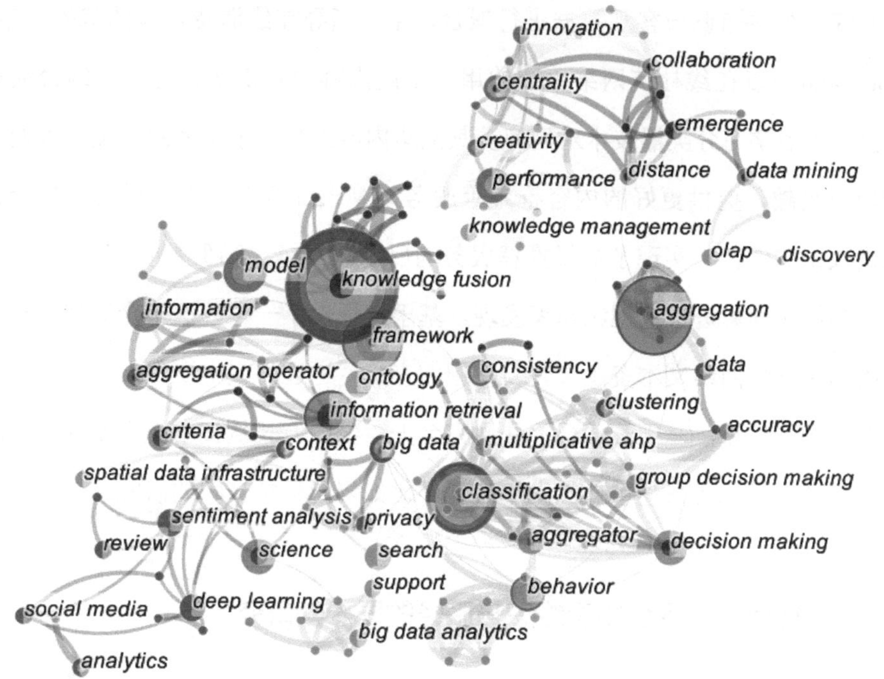

图1-3　国外网络知识资源聚合关键词共现图谱

等针对信息搜索排序的相关性评估问题，提出了一种基于模糊算法的多维关联聚合方法；Martinez-Romo等介绍了一种基于语义关系图从文本集合中提取关键短语的无监督算法，该算法利用词共现关系及在WordNet（词网）中的关联，完成数字资源的知识聚合；Gadomer等提出了一种基于OWA算子（有序加权平均聚合算子）的c-模糊随机森林知识聚合方法；Leontev提出了一种基于卷积神经网络的非迭代知识聚合方法。除此之外，还有基于用户标签、社会网络、分众分类等技术开展网络知识资源聚合的相关研究。

（2）知识聚合的应用

网络知识资源聚合被广泛应用到搜索系统、社交媒体、电子商务、垂直网站等多个领域。具体应用功能包括信息搜索、决策支持、知识推荐、知识发现等。Keikha等为使用户检索到与查询主题最相关的博客，基于优先级OWA运算符设计了一种语言聚合方法；Coussement等基于一种贝叶斯决策支持框架，将专家的经验知识与客观数据进行聚合，用于指导在线消费行业的战略决策；Abu-Salih等以在线社交网络平台的用户生成内容为知识聚合对象，结合数据挖掘与机器学习分类器技术对用户及其文本内容进行基于域名的分类，以便了解用户兴趣，提供更好的内容推荐等服务；Wenzel等通过将位置信息与社会网络数据的融合，实现了情景推荐服务的目的；Clarke等通过可穿戴设备，对用户的健康信息进行捕捉和知识发现，基于此提出了一种数据聚合原型；Zhao等提出了一种网络文本资源聚合与挖掘的方法，通过将文本资源集合看作随时间演变的事件流，基于一般概率法以完全无监督的方式从文本流中发现演化的事件模式，揭示感兴趣事件的发展趋势，比如揭示科学文献的研究趋势等。

1.3.2 微信公众平台知识组织与服务的国内外研究

1.3.2.1 国内研究

目前国内关于微信公众平台的研究成果较多，但大都围绕运营模式、营销策略、移动学习及其应用展开，针对微信公众平台知识组织的研究较少。为了解国内学者在微信公众平台知识组织与知识服务方面的研究内容，本书以中国知网作为文献来源数据库，设计检索式：（SU='微信公众号' OR SU='微信公众平台'）AND（SU='知识管理' OR SU='知识组织' OR SU='知识共享' OR SU='知识服务' OR SU='知识创新' OR SU='知识获取' OR SU='知识传播'），共获得相关文献82篇，主题分布如图1-4所示。可以发现，开展知识组织与知识服务的微信公众号主要包括图书馆、学术期刊、政府、媒体等。

（1）知识组织

知识组织是知识管理不可或缺的环节，包括知识单元的揭示与知识关联的挖掘。邓罗丹利用主题词嵌入、半监督SVM（支持向量机）训练等技术，提出了基于知识库的微信公众号文本类别标注方法；佘静涛等利用微信公众平台

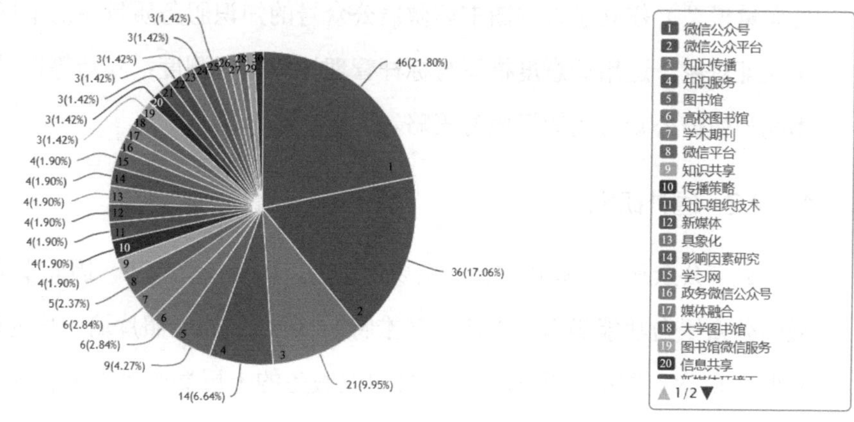

图1-4　国内微信公众平台知识组织与知识服务研究的主题分布

和百度AI开放平台的相关接口设计了一款智能虚拟参考咨询系统，在系统知识库创建中选用合适的分词器对知识库建立索引；郭山提出了一种微信公众平台+智能问答机器人的图书馆参考咨询模式，将语义识别、关键词抽取、上下文管理等作为主要的技术支撑；王秀娟基于统计的分词方法以及半监督支持向量机，对图书馆微信公众号中的文本信息进行了内容分类，以实现个性化的知识推送。

（2）知识服务

知识服务是指根据用户需求，从各种显性或隐性知识资源中提炼有针对性的知识或信息内容，为用户提出的问题提供有效的解决方案。微信公众平台的知识服务研究包括知识服务策略、知识服务质量评价、知识服务模式等内容，知识服务的主体主要有高校图书馆、出版机构、政府机构等。常金玲等通过对国内具有代表性的高校图书馆的微信公众号服务形式与内容进行调查，发现了服务形式单一、资源获取受限、互动性差等普遍问题，针对这些问题提出了基于微讲堂、微联盟等4种个性化知识服务形式；王萍等利用问卷调查与SPSS（Statistical Package for the Social Sciences，社会科学统计软件包）分析方法，探究了政务微信公众号知识服务质量的影响因素，主要包括知识质量、服务过程、系统运行、用户体验等多方面因素；宋雪雁等基于SERVQUAL模型（服务质量模型）建立了大学图书馆微信公众号的知识服务质量评价指标，并选取了实证对象，运用满意度模型与标杆管理计算进行测度；邓婧等探讨了高校学术期刊微信公众号的知识服务策略。

1.3.2.2 国外研究

微信公众平台是国内主流的自媒体平台，国外研究较少，因此本书选取了与微信公众平台功能类似的Twitter（推特）、Instagram（照片墙）作为研究对象，同时将检索范围扩大到知识组织与知识服务的上层概念“知识管理”。通过在SSCI、SCI以及会议论文集中检索相关文献，了解国外学者利用自媒体平台进行知识管理的现状，设计检索式：（TS="WeChat small program" OR TS="WeChat public platform" OR TS="WeChat Official Account" OR TS="WeChat Knowledge Service System" OR TS="Twitter" OR TS="Instagram"）AND（TS="Knowledge management" OR TS="Knowledge organization" OR TS="Knowledge sharing" OR TS="Knowledge service" OR TS="Knowledge innovation" OR TS="Knowledge creation" OR TS="Knowledge acquisition" OR TS="Knowledge dissemination"），共获得相关文献123篇。借助CiteSpace进行关键词共现分析，可以得出，中心性较高的关键词有知识管理、知识获取、知识交流、知识共享等。

（1）知识交流与共享

国外对于社交类自媒体平台知识交流与共享的研究内容主要包括知识交流与共享的意愿、现状以及基于自媒体平台的知识共享平台构建。Ma等研究了Twitter等社交媒体用户知识共享意愿及行为的影响因素，发现利他主义、对平台的依赖及对社交关系的维系等因素起到积极作用；Mills等通过对“土壤护理”的Twitter账户进行内容分析，结合农民访谈，探索了农民使用Twitter进行有关可持续土壤管理的知识交流程度和类型；Heyns等探讨了如何将Twitter用作某省小型企业的知识共享平台；Gu等针对用户知识共享的需求和特点，以微信小程序为载体，设计并实现了知识共享的解决方案，该知识共享系统包括视频资源、文章资源、问答、推荐等六个功能模块。

（2）知识获取

知识获取是指将用于解决问题的专门知识从大量、复杂的知识源中提炼出来，是知识管理的基础。外文文献中关于自媒体平台知识获取的研究主要围绕企业有效知识的识别与获取展开，可用于决策支持。He等使用API（Application Programming Interface，应用程序编程接口）收集了Twitter中有关电脑品牌和制造商的讨论推文，并借助文本挖掘和情感分析技术，识别客户有用的见解和知识，以及来自社交媒体数据的有关客户的知识；Ochikubo等通过信息检索量表对收集的关于企业的推文进行加权，并通过熵评估聚类结果，以此进行企业知识获取评价；He等提出了一个知识管理（KM）框架，该框架使用大数据技术，通过分析与零售业中的五家大公司相关的近百万条Twitter消息，提取有价值的知识，并通过在上下文中比较竞争对手的知识来发现商业智能方面的开拓性工作。

（3）知识管理的应用

自媒体平台的知识管理可以应用于企业知识管理、客户知识管理以及学术知识管理等领域，并且在企业创新、知识创造、个性化服务中发挥了重要作用。Winarni等通过调查研究，评估了基于Instagram企业版的客户知识管理对中小企业创新能力的作用，结果表明有显著影响；Sankaran分析了影响员工在企业社交媒体中参与度的因素，包括组织管理知识的能力、技术和个人等；Boateng的调查显示，加纳运营的两家跨国电信公司通过在Facebook（脸书）和Twitter上吸引客户，访问并管理客户知识，据此向用户提供有关的产品和服务；Agherdien认为Twitter和Blackboard学习管理系统可以一起用于创建学生与他人进行知识交流及学术合作的空间，有助于知识建构与知识创造。

1.3.3 研究评述

（1）网络知识资源聚合研究方面

国内外关于网络知识资源聚合的研究包括知识聚合的方法与技术、知识聚合应用两个方面。国内主要针对数字图书馆、虚拟学术社区和社会化问答社区的知识资源聚合模型构建、知识服务，以及网络知识资源的挖掘和发现等问题展开探讨，对于非学术性的网络社区和非信息科学的其他学科领域的研究较少，应用功能局限于知识服务和知识发现。国外将网络知识资源聚合广泛应用到各个领域，包括搜索系统、社交媒体、电子商务、垂直网站等，应用功能有信息搜索、决策支持、知识发现和个性化推荐等多个方面，并涉及医学、数学、计算机科学等多学科范畴。相比而言，国外关于网络知识资源的研究主题更多样化、应用范围更广。从知识聚合的方法与技术研究层面来看，国内外都主要采用标签共现、关联数据、语义分析、文本挖掘、聚类分析、机器学习等技术，国外还较多地采用数学算法以及多算法融合的方法。

（2）微信公众平台知识组织与服务研究方面

在国内微信公众平台的知识组织与服务研究中，知识组织的主体主要是图书馆、学术期刊、政府等机构，研究内容大致包括探索基于微信公众平台的知识服务模式、评价知识服务质量、利用知识组织相关技术构建知识库、分析知识传播特征等。国外基于社交类自媒体平台知识管理的研究主要围绕知识交流与共享、知识提取、知识管理的应用等主题展开，知识管理的主体主要是企业，探索如何基于自媒体平台促进员工的知识交流与共享，以及如何从自媒体平台提取客户知识以改善产品与服务，知识管理的目的是知识创造与企业创新。相比较而言，国内外基于自媒体平台的知识管理研究从研究对象到研究目的都有较大区别，国内研究侧重于学术性服务机构如何利用微信公众平台知识管理开展更好的知识服务，国外研究侧重于企业如何利用自媒体平台知识管理促进创新、优化产品、吸引客户。

综合来看，一方面，目前国内外的相关研究中极少将网络知识资源聚合应用于自媒体平台的知识组织与服务中。但从发展趋势来看，关于知识聚合的研究呈现出由学术平台的知识聚合向社交平台甚至是多种类型平台的知识聚合演化。另一方面，目前基于微信公众平台的知识管理研究集中在知识交流与传播、知识共享、知识获取等方面，缺乏更深入的知识聚合研究。在面向用户的知识服务环节也缺乏有效的方法与技术。因此，本书利用数智化技术，结合用户画像方法对微信公众平台的知识资源聚合与服务进行研究，面向用户需求开展知识挖掘、知识聚集、知识整合、知识推荐，创新服务模式，提升服务效能。

1.4 本书研究内容、研究方法及创新之处

1.4.1 主要研究内容

本书针对微信公众平台数智化知识服务开展了研究，一方面从“数字智慧化”角度通过分析用户心理和行为数据构建用户画像，深入分析用户需求；另一方面从“智慧数字化”角度针对用户需求采用文本挖掘技术凝练知识内容，并设计知识服务模式。主要研究内容和章节安排如下：

第1章，绪论。介绍了微信公众平台知识服务发展现状以及本研究的价值，梳理了国内外关于网络知识资源聚合、微信公众平台知识组织与知识服务的相关研究，同时提出了本书的主要研究内容、主要研究方法以及创新之处。

第2章，相关概念及理论基础。首先介绍了微信公众平台及其知识资源的现状，然后对知识聚合理论与方法、自然语言处理等基本概念和理论方法进行了阐述，最后介绍了多种基于知识聚合的知识服务模式，奠定本书研究的理论基础。

第3章，微信公众平台数智化知识服务体系框架。明确了微信公众平台知识聚合面向用户知识需求分析的必要性和可行性，阐述了微信公众平台知识聚合的概念、目标与原则以及要素，分析了面向用户知识需求的微信公众平台知识聚合服务动因和过程，最终建立了面向用户知识需求的微信公众平台知识聚合服务体系架构。为后续第4～7章指明了研究的逻辑框架，厘清了全书整体

的研究思路。

第4章，微信公众平台用户画像构建及需求分析。首先对微信公众平台用户画像的概念进行界定，其次对用户画像的构建过程进行了阐述，随后通过应用研究构建以了解用户知识服务需求为出发点的微信公众平台用户画像，对用户群体进行分类。基于不同的用户画像群体类型对各类用户的知识需求层次及需求内容进行了分析，最终形成微信公众平台用户知识需求模型。为后续第5、6章面向用户知识需求的微信公众平台知识聚合及服务提供理论基础。

第5章，基于标签聚类的微信公众平台知识推荐服务。首先阐述了微信公众平台文本标签聚类的概念及意义，提出了融合Word2vec模型和TextRank算法的微信公众平台文本知识标签自动化生成方法，之后提出了基于改进的BIRCH聚类算法的微信公众平台知识资源聚类方法，从而实现基于知识标签聚类的微信公众平台知识资源聚合。并以微信公众平台发布的“认知计算”领域文章为例进行实证研究，验证本章提出的知识聚合方法和服务模式的可行性与有效性。最后提出了基于标签聚类的微信公众平台知识推荐服务模式。

第6章，基于摘要生成的微信公众平台知识集成服务。首先阐述了微信公众平台文本知识摘要生成的概念以及自动化摘要生成的意义，之后提出了基于改进TextRank算法的微信公众平台知识摘要生成方法，分别设计了单文本摘要生成和单领域多文本知识摘要生成方法，并以微信公众平台发布的“认知计算”领域文章为例进行实证研究。最后，构建了基于知识摘要生成的微信公众平台知识集成服务模式。

第7章，微信公众平台数智化知识服务能力提升策略。分别从挖掘用户知识需求、改进知识聚合理论与方法应用以及提升微信公众平台运营管理三个层面提出提升微信公众平台知识聚合及服务能力的对策建议。

第8章，研究结论与展望。总结本书研究的主要观点和结论，分析研究中存在的不足及未来的研究方向。

1.4.2 主要研究方法

本书秉承继承与发展的基本理念，以已有研究为基础，集合了知识组织、知识服务、信息传播与计算机科学等领域的基础理论，面向用户知识需求实现微信公众平台知识资源聚合组织与服务，以期为微信公众平台运营推广与创新服务模式提供思路。主要采用的研究方法包括：

（1）文献调研法

文献调研法主要用于全面调研和分析用户画像、网络知识资源聚合、微信公众平台知识管理有关的文献资料，梳理和总结当前微信公众平台知识聚合及服务的研究现状，把握用户画像、网络知识资源聚合方面的主要研究进展、热点和趋势，提出本书的研究问题和视角。再通过文献调研分析，梳理了与研究有关的文本标签提取、聚类算法、文本摘要生成、数据挖掘等相关技术方法，为本书研究提供方法和理论依据。

（2）问卷调查法

问卷调查法主要是通过调查问卷获取调查对象的意见、观点或了解研究对象的基本情况。本书在构建微信公众平台用户画像时，设计相关问卷对用户使用行为和心理进行调研，检验了问卷结果的可信度和有效性，并在此基础上提取用户标签的特征因子。

（3）实证分析与计算机仿真法

本书以微信公众平台为研究对象，运用爬虫软件采集微信公众平台数据，并运用Python语言编写程序对认知计算研究领域的知识资源进行主题聚合和文本摘要生成方法进行实证分析和计算机仿真实验。

（4）文本挖掘法

本书采用自然语言处理、数据挖掘等方法进行微信公众平台文本标签自动生成、知识主题聚类以及知识摘要自动生成研究，提出微信公众平台知识聚合方法，并采集实际数据验证了方法的有效性和先进性，主要应用Python语言实现微信公众平台知识聚合的相关算法及可视化。

1.4.3 本书研究的创新之处

本书的创新之处主要体现在以下三个方面：

① 研究思路和视角创新。本书将知识聚合理论与方法引入到微信公众平台知识组织与管理的研究中，提出了微信公众平台数智化知识服务体系。基于微信公众平台知识服务的现状与用户知识需求的特点，将知识聚合相关理论与技术方法引入到微信公众平台知识组织与服务的研究中，提出了微信公众平台数智化知识服务体系框架，分析了微信公众平台面向用户知识需求开展知识聚合服务的可行性和必要性。解析了面向用户知识需求的微信公众平台知识聚合服务的组成要素、内在动因及过程，构建了基于知识聚合的微信公众平台知识服务体系框架，包括数据资源层、用户知识需求层、聚合层、服务提供层4个关键模块。该研究为微信公众平台创新和优化知识组织方式以及知识服务内容和方式提供了新的视角和思路。

② 完成了微信公众平台用户画像构建及需求分析，建立了微信公众平台用户知识需求模型。用户知识需求是驱动微信公众平台创新知识服务的动力，也是微信公众平台提供知识聚合服务的基础。本书针对微信公众平台用户画像及需求方面问题开展研究，提出了基于VALS2模型（价值观及生活方式调查模型第二版）的用户画像构建方法和思路，将微信公众平台用户划分为初期引入参与型、成长型、成熟型用户3类，分别阐述了3类用户的特征。另外，针对微信公众平台用户需求开展分析，分别分析了初期引入参与型、成长型、成熟型3类用户知识需求形成的过程和特征。将微信公众平台用户知识需求划分为潜在层次知识需求、认知层次知识需求、表达层次知识需求和个性化知识需求4个层级。

③ 分别从知识单元、句子层面提出了微信公众平台知识资源聚合方法，并分别基于知识聚合方法构建了相应的知识服务模式，创新微信公众平台知识

组织与服务方式。知识单元层面，从语义层面引入Word2vec词向量设计了平台文本标签自动化生成方法，然后，基于改进BIRCH算法引入全局聚类算法，对已有的CF Tree（聚类特征树）进行聚类，消除因数据点插入顺序导致的不合理的树结构，以及一些因节点个数限制导致的树结构分裂，进而得到更好的聚类结果，提出了基于标签聚类的微信公众平台知识聚合方法，构建了基于标签聚类的微信公众平台知识推荐服务模式。从句子层面，基于改进的TextRank算法分别设计了单文本和单领域多文本的知识摘要生成方法，实现微信公众平台句子层面的知识资源聚合，构建了基于摘要生成的微信公众平台知识集成服务模式。单文本知识摘要生成方面，改进和优化TextRank算法，认为不同的用户可能对于同一篇文档需求内容和关注点不相同，通过计算句子与用户需求特征之间相似度来修改和提升句子权重。同时，结合句子的位置信息特征和句子与标题之间的相似度调整句子的初始权重，运用MMR算法去除冗余，随后进行排序提取摘要句。采用融合文本主题与图模型的方法，在单领域多文本摘要生成过程中先对文本集合中的文档进行主题聚类，然后在对子文档集合句子聚类后运用TextRank算法抽取句子，层层合并后形成文本集合摘要。

第2章

相关概念及理论基础

2.1 微信公众平台

2.1.1 微信公众平台概念

微信（WeChat）是腾讯公司于2011年推出的即时通信服务应用程序，如今已成为人们通信、社交、娱乐、生活等不可或缺的一部分，截至2019年12月31日，微信及WeChat的合并月活跃用户数达到11.6亿。2012年7月腾讯公司在微信上首次推出平台化功能，使微信公众平台作为一种新型媒体形式渗透到情感、民生、财经、文化、科技等各个领域。微信公众平台曾命名为官号平台、媒体平台、微信公众号，随着平台的账号细分和功能拓展，最终定位为“公众平台”。微信公众平台能够向微信用户推送消息并提供相关服务，微信用户可以对平台发布的内容进行阅读、转发、点赞、评论等，微信公众平台已经成为人们日常信息交流及传播的重要渠道。

微信公众平台账号是企业、组织、媒体或个人在微信公众平台上申请的应用账号。微信公众平台经过几次版本升级和业务拓展，目前微信公众平台账号共分为订阅号、服务号、小程序和企业微信四类。

订阅号是为媒体和个人提供的一种新的信息传播方式，主要功能是通过微信给用户传达资讯，传播形式为一对多。此类公众号类似报纸杂志，提供新闻信息或娱乐趣事等内容，如央视网、中国高等教育等。订阅号开放注册范围包括：个人、媒体、企业、政府或其他组织。

服务号是为企业和组织提供更强大的业务服务与用户管理能力的账号类型，主要偏向服务类交互。此类公众号提供绑定信息及具体的项目服务，如银行公众号、政务办理公众号、品牌销售公众号等。服务号开放注册范围包括：媒体、企业、政府或其他组织。

小程序是一种不需要下载安装即可使用的应用，可以在微信内被便捷地获取和传播，同时拥有出色的使用体验。与公众号不同，小程序是一种去客户端的轻量化应用，自2017年正式上线以来已覆盖200多个细分行业，一些公众号根据运营需求同步开发了对应的小程序。小程序开放注册范围包括：个人、企业、政府、媒体以及其他组织。

企业微信是一个面向企业级市场的产品，是一个独立的基础办公沟通工具，拥有丰富的OA（办公自动化）应用和连接微信生态的能力，属于专门提供给企业使用的IM（即时通信）产品。企业微信开放注册范围包括：企业、政府、事业单位或其他组织。

综上所述，微信公众平台目前开放的四类账号分别有着不同的功能特色和明确的市场定位，其中订阅号和服务号是以提供信息传播及信息服务为主的账号类型，本书涉及的微信公众平台主要是指订阅号和服务号，后续书中不再一一说明。

2.1.2 微信公众号的类型

微信公众号是指微信公众平台账号中以消息推送为主要功能的订阅号和服务号。按发布信息覆盖范围划分，微信公众号还可以分为综合类公众号和垂直类公众号两种类型。

（1）订阅号vs服务号

订阅号侧重于传播信息，在微信公众号总体中占有较大比重，而服务号在进行信息传播的同时兼顾提供相关服务，具体功能权限见图2-1所示。

功能权限	普通订阅号	微信认证订阅号	普通服务号	微信认证服务号
消息直接显示在好友对话列表中			✓	✓
消息显示在“订阅号”文件夹中	✓	✓		
每天可以群发1条消息	✓	✓		
每个月可以群发4条消息			✓	✓
无限制群发				
保密消息禁止转发				
关注时验证身份				
基本的消息接收/运营接口	✓	✓	✓	✓
聊天界面底部，自定义菜单	✓	✓	✓	✓
定制应用				
高级接口能力		部分支持		✓
微信支付—商户功能		部分支持		✓

图2-1 订阅号与服务号功能权限

订阅号每日可向微信用户群发1条消息，允许进行群发的频率较高。所有推送消息集中在“订阅号消息”文件夹中显示，不会提示推送，微信用户可以打开文件夹直接点击列表中的内容进行阅读。在开发维护方面，订阅号对运营者开发界面设计友好，主要是对发布信息进行编辑，技术开发难度大大降低。

服务号每月仅可向微信用户群发4条消息，但是有独立的消息对话列表，能够及时提醒微信用户查看消息内容。在聊天界面底部的菜单中可自由设计并提供相应服务。在开发维护方面，除了基础的文章发布功能之外，服务号为运营者提供了更大的开发空间，可以调用高级接口及使用支付功能等。

订阅号和服务号对微信用户的关注不设限制，对用户的点赞、转发等行为也没有限定。尽管平台对定期主动推送的文章数量和次数有所限定，但是用户可以通过打开公众号的聊天界面进入公众号，并自由浏览微信公众号发布的所有信息内容。事实上有些公众号日发文量高达24篇（观察者网），远超每日推送消息所含文章上限（8篇），因此未被推送的文章常出现阅读量较低的现象，这也是致使微信公众平台成为用户日常获取信息或知识的主要渠道。

（2）综合类公众号vs垂直类公众号

综合类微信公众号所发布的内容涵盖社会生活的多个方面，比如时事、民生、文化等，典型的综合类公众号有人民日报、科普中国、观察者网等。综合类微信公众号传播内容范围广泛，与时代潮流结合紧密，受到微信用户的广泛关注。据统计，综合排名Top100的微信公众号中，近70%属于综合类公众号，而垂直类公众号总体数量较多，在综合排名Top1000的公众号中比重超过70%。

垂直类微信公众号指发布的内容专注于某一垂直领域，比如健康、科技、母婴、汽车、学术等，典型的垂直类公众号有丁香医生、36氪、年糕妈妈、汽车之家、募格学术等。事实上，在同一垂直领域内部也分为综合性的公众号和专业性的公众号。以学术类微信公众号为例，科普中国、经管之家、募格学术等都属于综合类学术微信公众号，而历史研习社、生物制品圈、中国教育学刊等专业性更强。垂直类公众号具有“小而美”的特点，发布内容聚焦，有助于明确受众定位，在精准传播方面有一定优势。但也存在专业水准不高、原创能力不足、运营能力较弱等问题。

2.1.3 微信公众平台知识资源

随着微信对日常生活的不断渗透，微信公众号成为人们获取信息或知识的主要途径之一，同时对知识传播分享也起到了巨大的促进作用。微信公众平台通过发布知识内容成为重要的知识传播者。

（1）微信公众平台知识资源的形式

微信公众平台支持推送消息的形式包括文字、语音、图片、录音、图文消息、名片、视频等，多种内容形式可以同时存在于一条群发消息中。微信公众平台发布的文章中采用单一媒体形式的较少，以文字为主的图文消息最为普遍。部分公众号在文章中插入背景音乐或同步朗读语音，使内容表现形式更加丰富。随着2020年1月微信视频号系统开始内测，微信公众号内的视频发布逐渐向微信视频号转移。因此，微信公众号知识资源的形式主要是以文字配图片的形式为主，同时包括音频、视频等多种媒体形式。

（2）微信公众号知识资源的类型

按照知识的专业深度不同，微信公众号知识资源可分为科普型知识、专业科普型知识、专业发展前沿、专业知识以及学术专题型知识等。科普型知识的受众最为广泛，大部分公众号会不定期发布科普型知识内容，对知识普及起到积极宣传的作用。专业科普型知识的受众也十分广泛，普通微信用户对此类知识的关注度根据专业所在领域的热度不同有所差异，如健康、科技、金融等领域专业科普型知识受关注较多。相关领域的垂直类微信公众号会不定期发布专业科普型知识，使微信用户对感兴趣的领域知识有进一步的了解和掌握。专业发展前沿、专业知识和学术专题等类型的知识由于对微信用户专业基础知识有一定要求，因而受众相对较少，受众群体以研究生、高校教师和科研工作者为主。专业发展前沿、专业知识和学术专题等类型的知识主要由学术类微信公众号发布，这类公众号的运营主体主要为科研机构、学术期刊、高校图书馆等，一些垂直类公众号也会少量发布专业发展前沿类知识内容。学术微信用户通过公众号能够掌握前沿的专业知识内容，并通过平台与其他学者对感兴趣的知识内容进行交流碰撞。

（3）微信公众平台知识资源的特征

首先，微信公众号知识资源呈现出碎片化特点，适合碎片化阅读。当前，由于生活节奏加快，碎片化阅读已成为移动互联网环境下的主流阅读模式，而微信公众号上的知识类型和传播形式正符合现代人需求和时代发展趋势。

其次，需要将专业的知识内容提炼、分解、重组，并深入浅出、图文并茂地演绎出来，这对知识资源的质量也提出了更高要求。例如，一些学术期刊公众号如果单一复制母刊文章进行发布，则很难收获较好的传播效果，若能在原文基础上进行二次加工，可以使用户在短时间内掌握论文精华，有效提高阅读量及微信传播指数（WCI）。但是，当前微信公众平台知识资源内容仍然存在知识资源质量参差不齐的问题，存在很多虚假和不实的知识内容，给用户使用和阅读带来一定的困扰。

另外，微信公众号知识资源存在大量信息冗余。微信公众号数量众多，各公众号专业水准参差不齐，部分文章原创性不足，内容相似的热点话题文章被不同公众号频频推送的现象随处可见。微信端与同一运营主体的微博等移动端内容同质化和微信公众号之间的大量引用或转载都造成了信息资源的浪费，同时使用户原本高效的碎片化阅读时间不断浪费在重复的文章内容上，给用户阅读和使用造成了一定的困扰。因此，如何从繁多的消息推送中甄别出有效信息、提高阅读效率成为微信用户的迫切需求。

2.2 知识聚合理论与方法

2.2.1 知识聚合概念

“聚合”字面意思是指将分散的聚集在一起。化学术语中的“聚合反应”指的是许多个含有不饱和碳原子的低分子量化合物经过自身的加成反应转变为高分子量化合物的现象。图书情报领域的知识聚合概念借鉴了有机化学中聚合的概念，不同于传统概念上的信息组织和资源整合，聚合应在资源整合基础上进行更进一步的语义融合，从而达到1+1>2的聚合效果。

尽管知识聚合自2011年起便引起了图书情报领域学者的关注并已被广泛使用，但尚未形成统一的定义。杜晖认为基于知识组织层面的聚合是对知识关联的揭示，其目的是基于相似性实现聚合后的群体内部紧密联系，减少群体间的松散关联，进而形成该领域的知识网络。王敬东认为知识聚合应先对知识进行聚类分析，然后对知识进行融合分析，是一个聚类与融合相结合的过程。在近些年的研究中经常出现知识融合、资源聚合、数据整合、信息融合等相似的概念，与知识聚合的概念看似相近，然而内涵并不相同。李亚婷从知识处理的行为（聚合、融合、整合等）和被处理的主体（知识、数据、信息、资源等）两方面展开，将知识聚合的概念与相近概念进行了辨析。聚合（aggregation）、融合（fusion）、整合（integration）都是指通过一定方法将不同的知识单元进行集中处理，然而在处理方法方面有所差异。融合在早期相关研究多用于工程领域，如工业仪器仪表数据，发展到图书情报领域之后，知识融合一般指将采集的知识经过转换、合并等处理而获得新的知识，更多地强调新知识的产生。知识整合最早出现在知识管理研究中，是将孤立零散的内容归纳为有序、有价值的整体。Grant将知识整合服务作为企业组织能力的本质体现。知识整合侧重于运用科学方法对不同来源、不同层次、不同结构、不同内容的知识进行综合管理。知识聚合则强调关联，是将看似相对独立的知识单元凝聚成多维并且关联的知识体系。从聚合主体方面来看，数据（data）、信息（information）、资源（resource）、知识（knowledge）是不同粒度的聚合对象，知识聚合能够关注到单一的知识本身，也可以看作是数据聚合、信息聚合、资源聚合的更深入研究。

在大数据技术的推动下，知识聚合成为知识组织研究的发展趋势，借助数据挖掘技术、人工智能技术、机器学习技术等对海量多元化数据进行多维度组织，深度挖掘知识之间的关联，建立多维知识体系，并结合用户知识需求，更好地提供精准化、个性化知识服务。

2.2.2 常用的知识聚合方法

（1）基于元数据的知识聚合方法

元数据（Metadata）是用来描述数据的数据，可以用来标记数据属性，作为聚合的依据。F.Abel等研究了Web2.0环境下基于元数据的知识资源共享模式。曹树金等基于OA论文及题录、在线百科、博客等开放网络信息数据，通过逻辑结构分析和形式结构分析对文档数据进行细分，构建了描述聚合单元访问信息、物理信息和语义信息的元数据框架。尽管元数据结构清晰、表达规范，但用于知识聚合时成本高、扩展性和时效性较低，难以满足大数据知识组织需求。

（2）基于语义网的聚合方法

语义网（Semantic Web）是能够根据语义进行判断的智能网络，通过语义网技术不仅能对数据资源进行描述，还可以构建资源之间的语义联系，主要包含基于本体的和基于关联数据的知识聚合。S.Anderlik等利用本体作为语义维度对数据仓库进行概念级聚合。何超等基于本体构建了由资源采集、资源描述、语义聚合和资源服务四个模块组成的语义聚合与可视化模型。关联数据作为语义网的简化实现技术最早由“互联网之父”Berners-Lee提出，概念中要求发布的数据文档要遵循统一规范的语义网结构（RDF）、规范的命名规则（URI）、同时符合HTTP（超文本传输协议）规则，组成三元组结构。基于关联数据的知识聚合通过规范统一资源格式，不仅能够建立知识单元之间的关联，还能够建立已有知识库之间的联系，为分布式资源的知识聚合提供了简洁高效的新途径。基于关联数据的知识聚合过程主要包含关联数据的创建、构建关联、发布数据、实现浏览（安装专业浏览器或插件）以及维护数据五个步骤。其中前三步关联数据创建、连接、发布只是完成了数据部署，真正的知识聚合要保证在用户有效浏览的前提下通过对链接的持续维护来实现。基于关联数据的知识聚合目前被大量应用在图书馆、政府信息开放、生物医药等领域。丁楠等将不同方式存储的多源数据转换为关联数据并建立了图书馆信息聚合模型，分为数据层、聚合层、应用层三个层次。随着政府开放数据兴起，希腊政府将公共管理部门门户网站数据转换为关联数据发布，并通过关联数据网络对欧洲其他国家公开的政府信息进行应用。一些药物推荐网络应用利用应用程序接口（API）访问医学药物类关联数据网络信息，结合药物临床表现、成分等非关联数据对用户进行药品推荐。更有学者在基于关联数据的知识聚合基础上对聚合结果进行知识发现研究，利用关联数据云（LOD）建立关联数据知识发现模型。

（3）基于分众分类法的聚合方法

分众分类法（Folksonomy）是Web2.0时代提出的资源聚合方法，于2005年首次被提出。维基百科将其定义为一种基于网络的信息检索方法，包括对网页、在线照片和网络链接等内容进行分类，是一种灵活开放的分类方式。分众分类法可以简单理解为标签分类法，标签是用户依据知识结构、情感体验、个人喜好等自定义的一个或多个数字资源特征标识，将知识资源从“用户—资源—标签”三个维度进行划分，多应用于标签导航和热门推荐等方面。P.Chakraborty等通过分析知识推荐系统中用户标签生成及使用的情况，利用标签改进了系统知识推荐的精准性。基于分众分类法的知识聚合简单易用，但由于依赖用户的群体意识，规范性、结构性较差，常与其他研究方法结合使用。C.C.Kiu等将分众分类和专家分类相互结合，以实现兼具准确性和完整性的树状资源聚合结构。

（4）基于社会网络分析的聚合方法

社会网络分析方法（SNA）是社会学领域比较成熟的分析方法之一，对由节点和节点之间关系所组成的社会网络结构进行分析，通过中心度、弱相关结构、子群体结构、连通度等定量分析指标对社会网络特征进行描述，并能够以可视化的形式立体呈现网络图谱。运用社会网络分析可以构建资源关系网络图谱、作者关系网络图谱、机构关系网络图谱、引文关系网络图谱等，基于社会网络分析的聚合正是利用了社会网络的高群聚性对知识群落进行划分，再利用网络连通性分析知识群落间的相关关系，从而达到探究知识网络、实现知识聚合的最终目的。这种聚合方法多用于科学文献资源的组织，王传清等将知识网络划分为知识、人和知识载体三个层面，并形成作者互引关系、作者合作关系、作者—关键词关系、多作者—关键词关系、多关键词—作者关系以及资源特征交叉关联等六种聚合模式，体现出聚合的广泛性。王雨等基于社会网络分析视角对数字图书馆资源聚合进行了理论分析和实证研究，通过网络中心性、距离、密度、凝聚子群等指标测度，建立作者互引关系、作者合作关系、作者—关键词关系等，实现相关领域的数字图书馆资源聚合。

（5）基于主题的聚合方法

基于主题的聚合即按照某种主题进行的资源聚合，这种聚合方法的关键在于如何识别资源特性。早期学者通过建立主题图进行文献资料组织，随后引入聚类思想进行聚合，如王学东等采用聚类分析法基于关键词相似度的计算结果，对多模态网络资源进行主题聚合。基于主题的聚合方法不仅适用于科学文献聚合，还适用于各类网络平台生成的海量数据的聚合。早期的主题分类方法操作简单、语义程度低，随着自然语言处理技术的发展，对应用主题模型进行聚合成为学者们关注的热点。主题模型主要用于文本知识处理，是在文档级的共现信息中抽取出发布概率较高的语义相关词项，再将这些词项进行转化汇总，最后形成一定数量的主题。常用的主题模型有PLSA模型（概率潜在语义分析模型）、HDP模型（层次狄利克雷过程模型）、LDA模型等，一些学者在应用时还对原始模型进行了改进。王萍和M.RosenZvi等先后利用LDA主题模型将文献的文本信息和作者信息相结合，在聚合文献主题的同时获得作者的研究主题分布，构建Author—Topic（作者主题）模型，实现多维度知识组织。商任翔利用改进Gibbs—LDA（吉布斯主题模型）算法构建了主题模型对中医药处方数据进行识别，并将聚合结果采用资源描述框架进行描述，形成中医药知识语义网络。

2.3 文本挖掘与分析

2.3.1 文本挖掘概述

自然语言处理（Natural Language Processing，NLP）是计算机科学、语言

学、数学、统计学等多领域交叉学科，它的目标是通过计算机实现与自然语言有关的各种任务，是人工智能研究的重要分支，同时也是知识聚合实现的主要手段。自然语言处理范围包含文本和语音两部分，由于本书研究未涉及语音处理，因此重点关注文本处理的相关技术内容。文本挖掘（Text Mining），也称为智能文本分析、文本数据挖掘或者文本知识发现，通常是指从大量数据集中识别出隐含的、先前未知的、潜在有用的知识的过程。文本挖掘的概念诞生于20世纪80年代，它主要借鉴了自然语言处理和数据挖掘的技术和思想，至今已经有40多年的历史。近年来，随着计算机技术的迅猛发展，文本挖掘得到了前所未有的发展，在金融学、生物医药学、教育学、社会学、公共管理学、图书情报学等诸多领域中得到了广泛应用。自然语言是人类交流和思维的指令，是人类区别于其他动物的本质特征，也是人类智慧的结晶。文本挖掘通过分析自然存在的文本，以发现和捕获存储在知识组织结构中的语义信息，其最终目标是实现知识发现并为知识应用和决策提供借鉴。文本挖掘是一种基于信息检索、机器学习、统计、计算语言学和数据挖掘的跨学科方法，能够帮助人们解决“信息超载”的问题。目前，文本挖掘研究的六个主要方向分别为深度学习、主题模型、图形建模、摘要生成、情感分析和从未标记文本中学习。

2.3.2 文本挖掘流程

使计算机理解自然语言并完成与之相关的各种任务是一个十分复杂困难的过程，需要先完成自然语言理解，之后进行自然语言生成。自然语言理解即理解文本的含义，在中文中体现为理解每一个字、词、句子以及篇章；自然语言生成则是根据不同的任务目标采取不同处理方法，最终形成结果文本。常见的文本挖掘与分析流程包含五部分：语料获取、预处理、特征化、文本挖掘、效果评价，如图2-2所示。

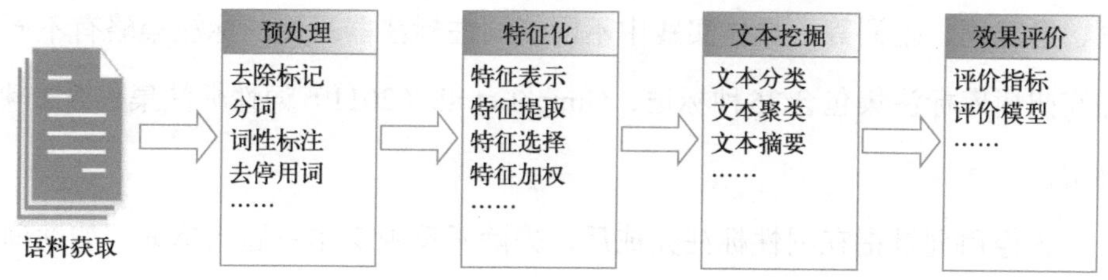

图2-2 常见的文本挖掘与分析流程

（1）语料获取

语料获取即数据采集，也是进行文本挖掘的前提。语料可以直接从语料库中提取，也可以通过网络采集、调查问卷、访谈等方式获取。语料库是由语言数据联盟（LDC）和其他相关机构建立并提供给研究者的大规模语料资源，很多语料库带有句法、语义、语用等不同层次标记，大大简化了语料预处理流程。然而由于应用目的不同，往往需要针对研究对象自行采集相关研究数据，社交媒体中的文本用语不规范、噪声数据多、自动分类和聚类特征有限，并且这些数据并不是标记好的文本，因此需要进一步的语料预处理。

（2）预处理

预处理是将非结构化或半结构化的文本数据转换为结构化信息，可以减少噪声、提升文本质量，是进行一切文本挖掘的前提。常用操作包括去除标记、分词、词性标注、去停用词等。

去除标记是指去掉与文本表达内容无关的标记，如数字、标点符号、特殊符号等，以减少文本分析负担。

分词是指从标点符号和其他符号中分离出单词，是预处理中十分重要的环节，可以利用分词器完成。不同语言有不同的分词规律，如西文通常以空格对词进行划分，相比之下，中文分词就要复杂许多。1992年，国家标准《信息处理用现代汉语分词规范》颁布，为汉语分词提供分词原则。常用的中文分词方法是基于词典的方法，如最大匹配法、最少分词法等。

词性标注是在完成分词之后用于判断文本中每个词的词性，如名称、动词、形容词、副词等，具体实践中不同的词性标注器采用的标注集略有不同，如宾州树库标注集包含36种标记、Gimpel et al.（2011）词性标注集包含25种标记。

去停用词是指在词性标注完成后，去除不反映文本主题的单词，如助词、连词、代词以及出现频率较少的稀缺词等，从而降低文本特征数量，提高处理效率。

（3）特征化

特征化过程中首先要对文本进行统一的结构化文本表示，将自然语言表示为计算机能够识别处理的特征项，然后再对这些特征进行降维处理，如特征提取和特征选择，最后进行特征加权。特征化可以为后续文本挖掘提供数据基础，是文本挖掘与分析流程中的关键步骤，对于不同的文本挖掘目的可以选用不同的文本特征化方法，文本特征化的结果对文本挖掘的效率、效果以及方法选择等方面产生实质性影响。

文本特征表示是将非结构化的文本数据进行结构化处理，经典的文本特征表示模型有：布尔模型、向量空间模型（VSM）、图模型和分布式表示模型等。布尔模型最早用于文本信息检索，模型简单易实现，对大规模数据处理时效率较高，但文本定量信息缺失问题严重，因此在后期研究中更多采用文本向量化的特征表示方法，向量化的文本也是目前应用最广泛的文本表示方法。Salton等提出了经典的VSM模型，利用向量形式的特点可以进行文本相似度计算、距离计算等，更多地保留文本语义信息，然而该模型忽略了特征间的关联关系，并且特征空间维度随语料增加明显增大。针对VSM模型存在的问题，提出了潜在语义索引模型（Latent Semantic Indexing，LSI）、语义VSM模型、词共现模型等。

随着语料的不断增加，文本中所表现出来的特征过多，会严重影响文本挖掘计算的效率和效果，因此需要进行特征降维处理。特征选择（Feature Selection）指的是在原有的特征集中选取主要的特征项而省略次要的特征项的特征子集作为文本特征，从而达到降维目的。这种方法的关键在于准确选取特征项，常用的特征选择方法有：文档频率（Document Frequency，DF）、信息增益（Information Gain，IG）、互信息（Mutual Information，MI）等。文档频率方法认为特征词在语料库中的文档出现频率越高说明特征词越重要，仅考虑了频率因素而没有考虑类别因素，因此会引入一些没有意义的特征项。信息增益法是通过某个特征词的缺失与存在的两种情况下，语料中前后信息的增加，衡量某个特征词的重要性。互信息法用于衡量特征词与文档类别直接的信息量，如果某个特征词的频率很低，那么互信息得分就会很大，因此互信息法倾向"低频"的特征词。相对的词频很高的词，得分就会变低，如果这词携带了很高的信息量，互信息法就会变得低效。

与特征选择相比，特征提取（Feature Extraction）是从对特性集合中一些起到主要作用的特征项进行组合，生成较少数量的新特征项，这种方法相对复杂，但能够较好地保持原有文本特征信息。常用的特征提取方法有：随机映射（Random Projection，RP）、概念索引（Concept Indexing，CI）、主成分分析（Principal Component Analysis，PCA）、因子分析（Factor Analysis，FA）以及其他线性和非线性方法。然而这些方法理论上实现了文本特征提取，但是实际提取出新的特征项可能不具有真实意义，因此在解决实际问题时需要根据语料库的具体内容酌情选择。

特征加权（Feature Weighting）也叫作特征权重计算，将作用大的特征项赋予较大的权重，能够更好地反映文本特征，达到更好的文本挖掘效果。根据文本特征不同，常用的权重计算方法有：TF权重（词频权重）、布尔权重、IDF权重（逆文档频率权重）等。特征加权是对完成了特征选择或特征提取后的各个特征项进行权重计算，根据不同特征选择方法，选择权重计算结果最大或最小的特征作为最终的文本特征。

（4）文本挖掘

文本挖掘是指从数据中获取有价值的信息和知识，与知识聚合相关的文本挖掘任务包括文本分类、文本聚类、文本摘要等。

文本分类是将文本按照一定规则或模型计算归类到预先设定的某种类别中，典型的文本分类技术算法包括朴素贝叶斯、支持向量机（SVM）、邻近算法（KNN）、决策树等，在知识聚合方面有所应用，例如周鹏等利用朴素贝叶斯模型对已抽取的微博内容关键词进行聚合，实现了微博舆情事件内容的聚合。

文本聚类是在没有预先设定划分类别的情况下实现文本自动分类的过程，典型的文本聚类模型算法包括层次聚类方法、K-Means算法、近邻传播算法（AP）、LDA模型等，在知识聚合方面有广泛的应用。陶兴等基于LDA主题模型对各个学术社区主题词提取，经过对比、过滤及筛选，实现了跨平台知识主题发现和获取，并在此基础上自动生成跨平台知识摘要。夏火松等基于改进的K-Means算法对微博新闻在线评论文本进行主题挖掘，通过隐藏长评论、改变初始点、限定聚类数量等措施提高了微博短文本聚类的精确性和稳定性。

文本摘要是对文本进行快速提炼并生成文章主旨的过程，能够帮助人们高效获取有用信息，摘要生成方式主要分为抽象式摘要（Abstractive Summarization）和抽取式摘要（Extractive Summarization）。抽象式摘要也称为生成式摘要，需要计算机在理解文本的基础上提炼出文本的主要内容，并重新组织文本；抽取式摘要则是选取原文中的关键词或重要语句组合成文本摘要。文本摘要的方法包括：基于规则的方法、基于图模型的方法、基于理解的方法和基于结构的方法等，如经典方法TextRank、潜在语义分析模型（LSA）、循环神经网络（RNN）等。文本摘要根据输入文本数量还分为单文本摘要和多文本摘要，无论哪种形式，文本摘要提炼的过程本身就是知识聚合的过程。

（5）效果评价

效果评价是对文本挖掘的模型完成任务的效果进行评价，对于不同任务，评价指标也不相同。最简单的方法是邀请若干领域专家根据标准进行人工评定，然而这种方法虽然比较接近人的阅读感受，但是耗时耗力，并且无法用于大规模语料数据的评价，直接采用人工评定的较少。因此，越来越多的学者和研究团队尝试探讨文本挖掘的自动化评价方法。以下主要介绍关键词抽取和摘要生成的自动化评价方法。

关键词抽取的目标是选择一组词语，概括文档的主题，好的关键词除了要与文档相关外，还要满足一些约束，包括关键词的数量、话题的覆盖、语义一致性等。这些约束是定义在关键词之间的全局特征，无法通过优化个体关键词而实现。目前，自动关键词抽取的评价主要有两种形式：一种是单纯借助人工的评价方式，由领域专家进行评价，这种方式可操作性强但缺点也明显，比如认识分歧、词或短语的组合歧义等；另一种是借鉴信息检索模型中的评价指标，包括准确率P（precision）、召回率R（recall）、综合指标F（F-measure）来评价算法的准确性。在通常情况下，准确率和召回率反映了文本挖掘性能的两个不同方面，可以根据用户的侧重点进行选择。一般来说，文本挖掘系统的准确率和召回率这两个标准是互补的，单纯提高查准率就会导致查全率的降低，反之亦然。因此，尽管一个好的文本挖掘系统应该同时具有较高的查准率和较高的查全率，但是实际的文本挖掘系统需要将这两个指标结合在一起，而不至于其中一个指标过低。F值将P和R两者结合在了一起，从而形成统一的衡量指标，当F值较高时则说明试验方法有效。在实际文本挖掘效果评价的过程中，必须结合具体的Web文本挖掘目标任务、被挖掘文本的局限性、挖掘过程中所采用的算法的优点和不足来考虑。

摘要自动化评价方法能够节省人力成本，主要分为内部评价法（Intrinsic Methods）和外部评价法（Extrinsic Methods)。对于内部评价来说，主要是以提供的参考摘要为基准来评价摘要系统获取的文摘的质量，包括内容的连贯性以及完整性。而外部评价侧重于应用，将获得的自动摘要应用于某项特殊任务中，根据完成的效果进行评价，一般用于评价测试的文本自动摘要对分类、自动问答等任务的影响程度。常用的文本摘要内部评价方法有Edmundson（埃德蒙森评价法）、ROUGE（鲁棒性评估）等方法，其中Edmundson方法实现起来比较简单，是通过比较自动摘要结果和人工摘要结果句子的重合率（Coselection Rate）进行评价。ROUGE方法通过将系统产生的文本自动摘要和领域专家即人工生成的基准文摘进行对比，通过统计重叠的单元数目，包括词对、次序列等，进而达到评价文摘质量的目的。常用的ROUGE方法包括基于N-Gram共现统计的ROUGE-N方法，基于最长公共子序列的ROUGE-L方法，基于对顺序词对统计的ROUGE-S方法以及在基于最长公共子序列的基础上，考虑字串的连续匹配的ROUGE-W方法。对输出结果的评价包括是否发现了知识，以及所发现的知识的重要性，对原始需求的符合程度。

2.4 知识服务

2.4.1 知识服务概述

21世纪以来，以对知识和信息的生产、分配以及消费为基础的知识经济逐步形成，图书情报领域的相关研究也从信息服务转向知识服务研究。知识密集型服务（Knowledge Intensive Business Services），简称知识服务，是指显著依赖专门领域的专业知识向用户提供以知识为基础的产品或服务。知识服务的主体可以是任何掌握某领域专业知识和技能、具备满足用户知识需求能力的组织或个人，例如知识密集型服务公司、高校、科研机构、行业协会组织、图书馆等。知识服务的客体是接受知识服务来满足其知识需求的任何组织或个人。

知识服务是以知识服务主体为主，并在不断与知识服务客体的交流反馈中提供服务，对知识的采集、整合与知识服务过程融为一体。陈艳春等将知识服务流程按生命周期划分为六个阶段：知识需求概念化阶段、知识需求定义阶段、知识获取阶段、知识提供阶段、服务反馈阶段、效果评价阶段、知识更新维护阶段。任庆芳考察了图书情报知识服务流程，认为知识服务流程包括信息搜寻、分析和整合、信息知识化、知识应用和知识服务反馈等5个主要环节。李霞将知识服务的一般流程归纳为：需求分析、知识获取、知识整合、知识创新与抽取、知识传递、知识需求满足、评价与反馈等7个步骤。

知识服务的类型十分广泛，典型的知识服务有研发服务、计算机软件系统服务、金融保险服务、法律服务、教育服务、信息服务等。从知识服务类型角度，基于微信公众平台知识资源的知识服务提供的是信息服务，然而又不同于传统的信息服务。在图书情报领域的研究中，知识服务是信息服务的高级阶段和发展趋势，知识服务产生的是知识，而不是简单的信息，而是以信息为内容的服务业务。因此，本书中所阐述的微信公众平台知识服务是服务组织基于自身专业化知识为满足用户知识需求所提供的信息形式的服务。

2.4.2 常见的知识服务模式

知识服务是以信息知识的搜寻、组织、分析、重组的知识和能力为基础，根据用户的问题和环境，融入用户解决问题的过程中，提供能够有效支持知识应用和知识创新的服务。利用信息技术对海量数据进行分析处理，最终实现知识服务才是数据真实的价值体现。知识聚合能够将多平台、多粒度的知识单元进行深层的关联分析和文本挖掘，建立多维知识体系框架，更好地提供精准化、个性化的知识服务。提供知识服务的方式有很多，知识聚合服务是指基于知识聚合技术而提供的服务。常见的基于知识聚合技术的知识服务模式包括知识检索服务、知识导航服务、知识推荐服务和知识集成服务等。

2.4.2.1 知识检索服务

知识检索与传统意义上基于知识的信息检索不同，应以具有语义模型的知识组织为基础，同时需要对资源对象进行基于元数据的语义标注。知识聚合从理论和技术上能够完美契合进行知识检索的基础要求，并提供较好的知识检索服务。百度搜索引擎的“智能聚合”服务是基于聚合算法对检索结果进行简单聚类，根据资源类型不同细分为视频聚合、资讯聚合、音乐聚合等。在基于知识聚合的知识检索服务返回给用户的结果中，知识粒度更为细化，甚至包含一定的知识关联，如贺德方等基于OPAC（在线公共目录）方法对馆藏资源进行聚合，为用户建立了统一的访问和检索途径，提供资源检索服务。除了大量的文献研究之外，国内外学者和研究机构也对基于知识聚合的知识检索进行了实践。欧洲数字图书馆项目使用RDF表示LCSH（国会图书馆综合性主题词表）、MeSH（医学主题词表）等受控词表和其他元数据内容，实现了与地点、名字、标题和内容相关联的语义检索服务。由波兹南工业大学开发的Carrot2文档聚合系统综合利用了后缀树（STC）算法、K-Means算法以及LINGO算法等聚合算法，为资源生成语义标签，再使用潜在语义索引模型进行标签提取，实现文档聚合，并能够对检索结果进行二次组织。Carrot2系统检索范围广泛，除了网络开发资源（如Google、Bing、Yahoo等搜索引擎的返回结果）之外，还包括符合一定格式的索引文件或者XML文件。国内北京大学图书馆、上海交通大学图书馆等高校图书馆为代表的知识服务机构聚合了本地馆藏数据和其他网络学术信息资源，帮助用户在海量数据资源中快速准确地获取所需的知识。

2.4.2.2 知识导航服务

知识导航是用户获取知识的方式之一，从狭义上讲是指在网络环境下，帮助用户在网上海量知识信息中识别并找到自己所需要的知识信息。D.Purwitasari等通过对网络资源的数据挖掘，建立了学科导航体系，用户利用导航系统能够快速获取学科资源。基于知识聚合的知识导航服务更加注重导航内容的聚类以及知识点之间的关联，主要指利用数据挖掘算法、索引规则等将特定知识领域和用户主体的知识建立语义关联，以知识导航图的方式呈现出来，引导用户更加便捷、高效获取知识的过程。基于本体和关联数据的知识聚合方法为知识导航服务提供了便利条件，如廖晓峰等通过URL（统一资源定位）和DOI（数字对象唯一标识）等链接方式构建了领域专家学科知识链，实现了领域专家学科知识的聚合与导航服务；美国国立卫生研究院资助康奈尔大学等机构研发了VIVO平台，通过对科研人员、科研项目、科学数据、科研成果以及文献资源等进行语义化的知识揭示，为科研人员提供知识关联导航与知识发现服务。在大数据环境和知识聚合的驱动下，知识导航服务内容向深层次化方向发展，利用更先进的技术手段进行知识组织和深层次的知识加工是关键。

2.4.2.3 知识推荐服务

知识推荐是知识聚合应用的重要服务模式之一，也是解决信息过载问题的有效手段。如果将知识搜索和知识导航看作是用户主动获取知识的过程，那么知识推荐服务则是用户被动接受知识的过程。基于知识聚合的知识推荐服务能够对分散、无序、质量良莠不齐的海量数据进行凝练，并对领域内热门话题和知识焦点进行广泛推荐，大幅提升了知识的使用率和用户的阅读效率。基于主题和分众分类法的知识聚合方法能够很好地对新闻主题、旅游信息、科学研究等信息资源进行分类聚合，为用户提供普适化的知识内容推荐。与此同时，综合了用户兴趣偏好、用户行为、情景、位置等因素的个性化知识推荐也是知识聚合主要应用场景之一。目前主流的推荐方法有协同过滤推荐、基于内容的推荐和基于标签的推荐等，在教育、科研、娱乐、媒体等多个行业领域广泛应用。陈毅波通过对用户行为日志、社会关系和知识本体进行用户本体建模，对现有的协同推荐算法进行改进，设计并实现了一个个性化推荐服务系统。周文乐等先基于本体构建了电影知识模型，并结合用户偏好权重计算与电影的相似度，最终实现了电影推荐系统。黄微等通过用户显性知识挖掘用户关系，利用社会网络分析方法挖掘用户子群与核心用户，完成用户隐性知识发现与推送。F.Wenzel将位置与社会网络数据进行聚合分析，通过抽取的数据构建空间架构，实现用户模型间的相似关联，实现基于情景模式的推荐服务。无论是普适性的知识推荐服务还是个性化知识推荐服务，都意在帮助用户在信息的海洋中获得真正有价值的信息，使知识服务朝着精准化、智能化方向发展。

2.4.2.4 知识集成服务

知识集成服务是以用户知识需求为导向，通过知识的整合、挖掘与揭示，为用户提供综合集成的知识资源并以解决用户问题为最终目的的一种高层次知识服务。基于知识聚合的知识集成服务是在对海量多源数据整合、聚类之后，进一步挖掘、集成产生新知识并提供知识服务，知识聚合为进行知识集成提供更高质量的数据来源。知识集成过程主要分为数据采集、知识抽取和知识整合三阶段，并在此基础上进行知识服务。整合阶段又分为知识评估和知识扩充两部分，在对从网络大数据中抽取的知识进行融合时，首先利用知识评估子模块对来源于网络大数据的知识进行质量度量，解决知识冲突，寻找知识真值。其次，将验证为正确的知识，根据知识的类型，包括实体、关系、分类等，通过知识扩充子模块基于相应的知识扩充算法动态更新到知识库中。知识集成服务是当前知识工程建设的核心内容之一，基于文本摘要的知识集成服务能够帮助用户获取到更丰富、完善的知识内容，能够创造性地运用知识，有助于知识创新和智慧生成。当前，知识集成服务在不同领域应用中也有所探索，例如陶兴等利用LDA主题模型与W2V-MMR自动摘要技术实现多个网络学术社区的跨平台知识聚合，向用户提供知识集成服务，弥补了现阶段单一平台提供专业知识不充分的问题，为社区内的科研工作者带来知识获取的便利；梁梦华利用Web2.0技术和语义关联技术，构建了面向用户的数字档案资源跨媒体知识集成服务平台，从服务理念、服务组织和服务保障方面分析面向用户的数字档案资源跨媒体知识集成服务的应用机理。同时知识集成服务的相关技术也进一步发展，例如杜秀英提出了一种基于聚类与语义相似分析的多文本自动摘要方法，更好地解决了现有文本自动摘要算法普遍存在处理速度慢、压缩率不足或摘要质量不高等问题；唐晓波等针对多文档摘要信息不全面、冗余度高的问题，提出了一种基于混合机器学习模型的多文档自动摘要方法，并对该模型所包含的句子向量化、分类器分类、句群划分和句子重组四个部分做了详细说明。

2.5 本章小结

本章主要介绍了本书研究应用到的相关概念与理论。首先，介绍了微信公众平台的发展历程、概念、类型；分析了微信公众平台知识资源的形式、类型和特征；随后，介绍了书中主要应用到的理论和技术方法，包括知识聚合理论与技术、文本挖掘技术、知识服务理论等，为后续章节微信公众平台知识聚合方法设计及基于知识聚合的知识服务模式的提出奠定理论基础。

第3章

微信公众平台数智化知识服务体系框架

随着微信公众平台账号注册数量的激增，发布的知识资源数量也呈现直线式增长。同时，由于微信公众平台自身发布的信息可转载、审核宽松等特点，平台知识资源海量庞杂且质量参差不齐，存在知识碎片化、冗余化、知识过载等生态问题，给大量微信公众平台用户带来困扰。如何以用户为中心，开展数智化知识服务成为当前微信公众平台持续发展需要解决的问题。而知识聚合、用户画像等技术发展为微信公众平台知识组织及服务提供了新的视角和思路。为了构建和实现面向用户知识需求的微信公众平台知识聚合及服务，首先需要了解其内部和外部的运行机理和作用机制，明确其开展知识聚合及服务的过程。因此，本章拟从微观角度解析面向用户知识需求的微信公众平台数智化知识服务组成要素、目标和动因、流程等，构建面向用户知识需求的微信公众平台数智化知识服务模型。为后续微信公众平台知识聚合方法和数智化知识服务模式构建提供理论基础和依据。

3.1 微信公众平台数智化知识服务面向用户知识需求的必要性

微信公众平台的用户知识需求是用户为了解决生活、学习或工作中问题以及提高自身知识储备而对微信公众平台知识产生的期望和需要，表现在对知识资源的需求、对知识服务的需求、对知识服务方式的需求等方面。微信公众平台用户知识需求分析是微信公众平台数智化知识服务中“数字智慧化”的体现，用户知识需求与聚合服务之间存在相互关联和依赖的紧密关系，具体体现在以下3个方面：

（1）微信公众平台用户知识需求是开展知识服务的起点和驱动力

微信公众平台开展数智化知识服务的出发点和落脚点是用户。在当前“用户至上”的服务理念下，微信公众平台为实现高质量知识服务要从用户的角度进行探析和研究。随着当前微信公众平台知识资源数量的增多，用户期望在使用微信公众平台时能够迅速、高效地获取和学习相关知识资源，减少知识搜寻和查找的成本，然而现有的微信公众平台信息服务模式仅提供简单的检索服务，已无法满足用户的需求和体验。知识聚合服务是通过运用知识聚合技术在普适知识服务基础上，更加注重用户的个性化需求，将“以用户为中心，以需求为导向”的服务理念嵌入知识服务过程中，匹配用户知识需求主动式提供个性化知识资源。因此，为不同类型用户个体或群体提供个性化、智能化服务，找准用户知识需求点和内在特征，主动地匹配知识资源和服务方式是实现精准服务的重要因素。通过直接统计分析或数据挖掘等方法对用户的知识需求、偏好习惯以及社会属性等进行标签化标识，协助微信公众平台了解和深入掌握用户内在、外在的知识需求。同时，作为知识服务提供方的微信公众平台而言，深入挖掘用户知识需求能够充分体现利用大数据技术和移动互联网技术实现精准化的主动服务的优势，能够实现知识资源与服务需求的深度匹配，更好地为用户服务。

（2）用户知识需求分析是微信公众平台数智化知识服务的重要步骤

知识聚合本质上是用户和知识世界互动的过程，是用户产生需求、表达需求和满足需求一系列过程的体现。微信公众平台为提供更加精准化和智能化的知识服务需要深度挖掘与分析用户知识需求。微信公众平台仅仅采用获取用户检索式、提问问题、社群交流等方式外化表达知识需求是远远不够的，更是深入关注用户的习惯偏好、阅读习惯、兴趣领域采集和发现用户潜在的知识需求。为知识聚合服务的设计和实现提供基础和依据。同时外化的知识需求需要进行统一格式的存储和表达，便于后续知识资源匹配计算和推荐，提高知识聚合的效果和质量等。因此，用户知识需求挖掘技术提供了较好的技术支持和保障，成为微信公众平台知识聚合服务开展的关键环节。

（3）**微信公众平台知识服务效果也反向作用于用户知识需求，反向促进需求挖掘技术与方法的优化和创新**

微信公众平台数智化知识服务过程就是源源不断地匹配知识资源与用户知识需求，并通过各种方式和渠道满足用户知识需求的过程。随着数智化知识服务的深入，用户知识需求得到进一步的明确化和清晰化表达。同时精准的知识推荐和融合服务开展需要从更细粒度和层面把握用户特征，对于用户标签抽取和隐式需求信息的获取提出了更高的要求，这就需要从微信公众平台用户知识需求挖掘的精准性方面进行技术和方法改进，借助先进的大数据和人工智能信息处理技术，不断优化和创新需求挖掘的技术与方法，提升分析的精准性和智能化。

互联网时代知识服务更加注重用户的需求和体验，用户选择、转移和流失的成本相对较低。微信公众平台数智化知识服务的对象是用户，用户更是千人千面，都有其独特的需求和偏好特征。特别是在当前的数字化时代，每个用户的信息行为数据和显性特征具有差异性，用户知识需求及获取、交流知识方式发生了很大的变化。面向用户知识需求提供知识服务不仅迎合了时代发展趋势，也有助于提高知识聚合服务质量和能力。知识聚合服务的目标是更大程度地满足用户的个性化需求，提供更加智能化和精准化的知识服务。综上所述，微信公众平台知识聚合服务须以用户知识需求为基础。

3.2 微信公众平台知识聚合及服务概述

3.2.1 微信公众平台知识聚合概念

本书中微信公众平台数智化知识服务在“智慧数字化”方面采用知识聚合方法实现。知识聚合自引入图书情报领域后，从最初提出资源聚合到信息聚合再到现有的知识聚合，诸多的学者针对其开展理论与应用研究，应用到数字图书馆、信息服务、网络信息资源管理及组织等领域。从不同的角度界定了知识聚合的概念。杜晖认为基于知识组织层面的聚合是对知识关联的揭示，其目的是基于相似性实现聚合后的群体内部紧密联系，而减少群体间松散关联，从而形成该领域的知识网络。李亚婷认为知识聚合是基于知识单元的外部及内在特征，将无序的、分散的知识通过一定的组织方法进行凝聚，以发现知识单元间的关联、形成有机的知识体系、提供知识服务的过程。学者针对不同领域也开展了知识聚合的相关研究，界定了知识聚合的内涵和外延。郭顺利认为社会化问答社区用户生成答案知识聚合是指为了满足用户的知识需求，通过统计、计量分析、数据挖掘、人工智能、社会网络等方法识别问答社区问题下答案中知识单元的外在特点，挖掘知识单元的内在语义联系，将答案中无序、零散的知识单元重新组织和序化，使其更具有结构层次和相互关联关系，以最便于用户使用的最佳答案方式呈现给用户，能够让用户依据知识关联获取或重用知识的过程。尽管知识聚合随着时间的推移和应用领域的延伸定义发生了部分变化，但是其本质并无大的变化。知识聚合的本质是运用知识单元之间的隐在关联关系序化和组织知识，形成多层次的知识体系，为知识服务提供准备和资源。并且随着新技术和知识服务需求的发展，知识聚合不仅仅要考虑知识单元外在的物理特征，更要深入到知识语义层面，同时也要考虑将人工智能、大数据挖掘、认知计算等新技术运用到挖掘知识单元之间关联关系中。

知识聚合的终极目标是为用户提供个性化、精准化知识服务，提高用户知识获取和交流效率。借鉴已有知识聚合研究成果，结合微信公众平台的特点，本书认为面向用户知识需求的微信公众平台知识聚合就是为了满足用户个性化知识需求，通过计量分析、数理统计、数据挖掘、人工智能等方法识别平台知识单元之间的外在关联关系，发现挖掘知识单元的内在语义联系，将微信公众平台复杂多样化、数量庞大、无序碎片的领域知识重新组织和序化，形成结构完善的知识体系，为后续微信公众平台创新知识服务提供资源保障。知识聚合及服务是微信公众平台数智化知识服务中“智慧数字化”的体现，整个过程集成在微信公众平台功能中，依据用户知识需求组织和序化知识资源，构造多维多层的知识体系，能够解决微信公众平台领域知识资源过载和难以管理的问题，提高平台知识组织和服务能力，为用户提供精准化、个性化的知识服务方式。

3.2.2 微信公众平台知识聚合服务要素分析

微信公众平台知识聚合服务作为系统性知识服务过程，涵盖知识的生产、传递、共享、互动和交流等服务性活动，离不开知识服务的提供者、接收者等人员和组织的参与，以及知识资源内容本身和知识服务环境保障等。由于知识聚合服务过程中要运用到知识组织、可视化、数据挖掘等技术方法为知识聚合服务提供保障，因此本书认为知识聚合服务技术也是重要的组成要素。借鉴已有的知识聚合服务研究成果，本书将微信公众平台知识聚合服务的组成要素分为知识聚合服务参与者、知识资源服务内容、知识聚合服务环境、知识聚合服务技术4部分，如表3-1所示。各个要素之间相互联系和作用影响，共同支撑起微信公众知识聚合服务。

表 3-1 微信公众平台知识聚合服务组成要素

名称	解释	功能作用及特点
知识聚合服务参与者	知识聚合服务过程中参与人员，分为知识聚合服务提供者、接收者。其中，知识聚合服务提供者包括微信公众平台管理运营者、服务人员等；接收者是指平台用户群体	知识聚合服务提供者是知识聚合服务活动的主导者和实施者，提供服务的平台和环境，知识挖掘与组织、服务功能设计与开发、用户知识需求建模等；知识聚合服务接收者接受微信公众平台知识聚合服务，并对提供的知识资源内容进行创新和利用，承担着知识消费者的功能角色。其知识服务需求具有个性化、情境化、层次化、多样化的特点，行为呈现即时主动、最小努力、惯性、从众行为等特征，其需求驱动知识聚合服务，承担着服务效果的反馈和评价的角色功能。也同时起到知识传播者角色，运用线上转发分享、线下交流和传递等方式，将获取到的知识资源传播，扩大知识聚合服务效果和范围
知识资源服务内容	知识聚合服务过程中提供的知识资源、服务系统和服务方式等。知识资源主要来源于微信公众平台发布的文档，以显性知识为主，随着时间推移数量越来越庞大	知识资源是微信公众平台知识聚合的对象，以各类微信公众号发布的知识为基础重新组织和序化形成的知识体系，也包括知识单元之间的关联关系等，其表现形式多样化，具有冗余重复和碎片化的特点。聚合后知识成果具有可视化程度较高、高质量、聚合性等特点，其质量的高低直接影响知识聚合服务质量；服务系统是指为了更好地提供服务接口和渠道，以微信公众平台为基础架构的智能化的服务系统；服务方式包括知识导航、知识推荐、知识检索、知识集成等多样化的知识服务方式
知识聚合服务环境	知识聚合服务活动过程的微信公众平台内外部保障和调控环境	知识聚合服务环节为知识聚合服务提供了保障和基础，对于知识聚合服务活动进行指导和调控。外部环境主要是指微信公众平台的外部环境，包括国家宏观政策、法律政策、移动互联网环境、社会经济和技术发展水平等；内部环境主要是指微信公众平台的内部环境，包括知识聚合服务氛围环境、激励措施、规章制度等
知识聚合服务技术	知识聚合服务过程中所用到的技术、方法和工具等	知识聚合技术是支撑知识聚合服务活动的基础。确保微信公众平台能够高效进行知识组织和处理，聚合生成知识服务需要的知识资源内容，保障知识聚合服务智能化和精准化。其包括数据挖掘、可视化、知识组织和管理、多媒体、知识发现等多种类型技术方法与工具。当前的人工智能、深度学习、认知计算等技术也丰富了知识聚合服务技术体系

3.2.3 微信公众平台知识聚合服务目标与原则

3.2.3.1 微信公众平台知识聚合服务目标

微信公众平台开展知识聚合服务目标主要体现在以下3个方面：

① 实现面向用户知识需求的个性化服务，延伸和创新知识服务模式。当前微信公众平台用户知识需求发生了很大的变化，以用户画像为工具建立用户的需求表达和特征描述，使微信公众平台知识聚合服务能够更加清晰地了解用户个性化和差异化需求。微信公众平台依据用户知识需求开展知识聚合，形成特色差异化的知识聚合结果，从而提供更加精准、个性化的知识服务。同时，传统的微信公众平台提供的知识服务方式较为简单，缺乏智能化和科学化，难以满足用户知识需求。微信公众平台也需要探索和开发新的知识服务模式，而知识聚合服务为其带来了新的思路和解决办法，丰富知识服务的方式和类型，提供更加精准和智能化知识服务模式。

② 提高微信公众平台知识组织管理水平，增加知识资源重用率和交流传播效率。针对微信公众平台发布内容中知识资源数量众多、类型多样以及存在知识冗余等现状，知识聚合服务的另一个重要目标是创新平台知识组织和管理手段方法，提高知识组织和管理能力。知识聚合作为典型的知识组织方法，它能够运用大数据挖掘、人工智能、计量分析等方法揭示和梳理知识之间关联关系，实现平台知识的组织和序化，形成多层次和紧密联系的知识体系，解决微信公众平台面临的知识组织和管理问题。另外，微信公众平台作为知识交流和传播的重要媒介，由于知识资源数量庞大和复杂冗余问题，其平台知识利用和传播效率较低，使得用户获取和查找搜寻花费较多的时间，体验性较差。知识聚合技术的应用能够使微信规则平台的知识资源形成体系，利用知识之间的关联发现更多的隐藏和被忽视的知识，帮助用户更好地利用和创新应用知识，提高知识资源利用率和价值。

③ 实现微信公众平台功能价值和品牌增值。目前，微信公众平台作为当

前主流的知识生产、交流和传播分享媒介，旨在为用户提供信息交流和获取媒介，并没有实现面向用户知识需求的个性化知识获取和传播。知识聚合技术的应用能够提高平台知识组织和管理水平，使微信公众平台上升为更专业的知识传播平台，吸引更多的用户参与到知识生产和交流传播中，有利于实现微信公众平台的功能价值，增加品牌影响力和价值。

3.2.3.2 微信公众平台知识聚合服务原则

微信公众平台知识聚合及服务是面向用户知识需求、实现用户知识需求与聚合服务资源内容和服务模式不断匹配和映射的过程。但是在知识聚合及服务过程中需要遵循以下原则：首先，遵循“用户为本，需求至上”的原则。微信公众平台知识聚合必须是面向用户知识需求的，以用户知识需求为导向开展，以满足用户知识需求、提供差异化和个性化的知识服务为最终服务目标。其次，微信公众平台知识聚合服务要遵循知识的可靠性和权威性。微信公众平台知识采集和预处理过程中要去除低质量和虚假冗余的知识，保障后续知识聚合成果及知识服务资源内容的高质量。微信公众平台作为主要在移动终端使用的知识交流平台，知识聚合服务开展过程中要依据用户移动智能终端设备物理情景、网络状况以及用户知识素养提供合理的服务方式。例如：考虑用户微信公众平台使用时情景和网络状况，提供不同类型和格式的知识资源；考虑移动终端屏幕尺寸进行简约舒适的功能界面设计等。

3.3 基于知识聚合的微信公众平台知识服务动因分析

基于知识聚合的微信公众平台知识服务动因是指促使微信公众平台知识聚合服务形成、运行和可持续发展等过程中各种动力因素的作用方式和机理。本书借鉴已有的研究成果，结合微信公众平台特点，将微信公众平台知识聚合服务动因主要分解为3条动因路径。

（1）**微信公众平台用户知识需求刺激和启发**

知识聚合服务起始于用户知识需求挖掘与分析，也是为了更好地匹配和满足用户知识需求。然而，随着移动智能终端和大数据的发展，微信公众平台用户知识需求发生了很大变化。首先，用户对于微信公众平台提供的知识资源内容形式、表达方式以及知识质量产生了更高的要求，期待微信公众平台能够依据设备特点和网络特征提供多元化、高质量的知识资源内容，并且能够实现知识资源组织和序化。其次，随着微信公众平台知识资源内容激增，越来越多的微信公众号发布同质冗余化的知识资源内容，用户期望微信公众平台能够运用知识组织与挖掘、可视化技术和大数据技术等方法实现面向用户的主动式服务，协助用户开展知识获取和利用，减少用户知识搜寻的成本和时间精力。因此，当前的微信公众平台用户知识需求刺激和推动着微信公众平台去革新知识服务模式，通过利用先进工具和技术方法创新知识组织方法和服务方式。微信公众平台用户知识服务需求日趋变化与现有知识服务提供之间的矛盾成为推动微信公众平台面向用户知识需求开展知识聚合服务的根本动力，推动微信公众平台知识服务朝向满足用户知识需求、迎合时代发展需求的方向不断发展。

（2）**微信公众平台效益和价值最大化的驱动**

在当前时代发展和互联网发展情形下，微信公众平台为了生存和持续发展，就需要不断地创造价值和经济效益，努力保持自身品牌价值、权威性及影响力。那么微信公众平台服务效益就是驱动其开展知识聚合服务活动持续发展的核心动力。用户是平台生存的基础，微信公众平台为了防止用户流失，增加用户对于平台的黏性，就需要不断地树立科学的知识服务理念与意识。借助现有的先进技术方法和工具优化和创新转型知识服务模式。知识聚合理论与方法为微信公众平台开展知识服务提供了思路和视角。借助知识聚合的技术和方法可以让微信公众平台保持新活力，不断地更新和优化知识服务模式，增加用户黏性和忠诚度，吸引更多的用户到微信公众平台交流和传播知识，从而提升微信公众平台的品牌价值和影响力。同时，微信公众平台引入知识聚合服务模式，有助于优化服务路径和方式，节约成本获取最大化的收益。

（3）**先进技术助推和支撑**

技术是驱动互联网发展的第一动力，移动互联网平台的知识服务发展自然离不开先进信息技术的助推。微信公众知识资源是由微信公众号运营者和管理者生成，并呈现数量庞大、多源异构、碎片化等特点，给微信公众平台知识组织和管理带来了挑战。然而，传统的微信公众平台知识组织与管理方法缺乏智能化和科学化，无法解决大数据带来的知识激增、用户知识迷航等问题，微信公众平台亟须寻找先进技术方法，解决当前的问题。先进的信息技术为微信公众平台开展知识聚合服务提供了支持。同时，先进信息技术的发展和应用也进一步刺激用户产生新的需求和期望，用户期望微信公众平台能够应用已有的信息技术，细化知识服务模式和途径，进而刺激微信公众平台进一步应用先进信息技术创新知识服务模式满足用户知识需求。另外，微信公众平台也需要不断应用和引入先进的知识聚合服务技术和工具，提高知识聚合服务水平和能力。

3.4 微信公众平台数智化知识服务体系框架

3.4.1 微信公众平台数智化知识服务过程

知识服务过程本身是一个复杂的系统。依据蓝凌的“知识之轮”理论，即任何组织中的知识都是由知识“沉淀”“共享”“学习”“应用”“创新”等环节构成，知识服务过程就是人们驱动知识之轮，将知识转化为用户需要产品的过程。整个过程由多个阶段组成，每个阶段都需要一定的信息和资源保障，需要相应的服务能力和技术支撑，并具有不同的侧重点。

传统的知识服务过程包括知识需求概念化和定义、知识筛选准备、知识提供和知识服务评价反馈、知识更新等阶段，是在知识服务提供者与接收者的互动交流中完成和实现。借鉴已有的知识服务过程方面研究，本书构建的微信公众平台数智化知识服务过程如图3-1所示。数智化知识聚合服务过程通过平台上知识流将知识聚合服务提供者、服务接收者等连接起来，包含用户画像构建、知识采集与预处理、知识挖掘与聚合等关键性过程，以及各阶段之间的数据交互过程。并且，面向用户知识需求的微信公众平台知识聚合服务过程循环不是单一地重复运行，而是主动适应用户知识需求的动态演变，依据用户需求变化和服务反馈及评价及时调整和改进知识聚合服务内容和方式，实现知识服务资源内容不断更新和迭代。

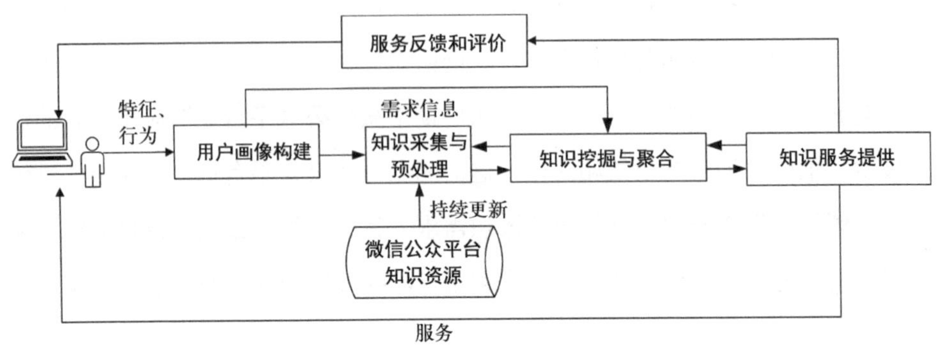

图3-1　微信公众平台数智化知识服务过程

（1）用户画像构建

知识聚合服务的精准化和质量受到用户需求、用户特征、习惯偏好等因素的影响，用户特征及需求分析是知识服务的出发点。因此，微信公众平台知识聚合服务首先需要对用户知识需求进行挖掘和分析，通过构建用户画像开展用户知识需求分析研究，将用户画像作为用户需求分析的理论依据。用户画像是基于用户属性和用户特征而进一步提炼出的用户标签的集合。微信公众平台用户通过关注公众号、评论、查询或检索关键词等方式将知识服务需求外化。但是，由于受到用户自身能力或平台功能限制，用户并不能将自身知识需求全部外化，仍然存在大量的潜在需求。需要微信公众平台运用现有的数据挖掘、统计分析等技术方法挖掘和获取用户隐性需求，包括用户习惯偏好、历史浏览、行为、情景等信息，采用构建用户画像的方法描述用户知识服务需求和用户特征。同时，在知识聚合服务过程中也需要不断地挖掘和分析用户浏览、检索等行为，动态更新用户知识服务需求，以调整知识聚合服务形式和内容。

（2）知识采集与预处理

知识资源采集是围绕着用户的知识需求，利用“网络爬虫”、知识库检索查询等多种途径收集相关知识。预处理是对收集到的知识资源进行清洗、过滤、归纳整理，为后续的知识挖掘与聚合作准备。微信公众平台知识采集的范围以微信公众号用户生成内容为主，其中包含大量低质量、冗余度高、虚假的知识。所以，需要对采集到的知识资源进行评价和筛选，过滤垃圾和虚假冗余的知识内容。同时需要注重知识资源的更新，定期重复执行采集任务，力求掌握最新的数据资源。在预处理过程中重点消除多源数据的异构性，以形成规范格式数据存储到数据库中，为后续知识挖掘和关联聚合组织做准备，保证知识聚合服务质量。同时，在知识采集与预处理阶段也需要结合用户知识需求与偏好，明确知识服务内容和范围。

（3）知识挖掘与聚合

该阶段综合运用数据挖掘、数理统计、社会网络分析等聚合方法面向用户知识需求挖掘和发现满足用户知识需求的知识内容，揭示知识之间的关联关系，将符合用户知识需求的知识内容整合和序化。通过对知识单元之间潜在关联关系的揭示，将看似散乱的知识单元组织形成知识体系，进而为后续知识推荐、知识导航、知识检索及知识集成等知识服务提供数据基础。微信公众平台需要不断地创新和优化知识挖掘和聚合组织的方法，运用先进的信息技术和工具提高知识挖掘与聚合组织的效果和质量。

（4）知识服务提供

知识服务提供是服务过程中最核心的阶段。该阶段是微信公众平台通过服务接口不断与用户互动交流的阶段，包括了知识服务准备、知识服务实施等关键环节。在知识服务准备环节，微信公众平台根据用户知识需求实现需求与知识资源服务方式、服务平台的匹配。在知识服务实施环节，微信公众平台运用可视化等方式，提供符合用户知识需求的聚合结果和知识产品，并帮助用户实现知识的应用和创新，例如通过服务接口将知识资源通过知识推荐的形式提供给用户。知识服务实施过程中也要综合考虑用户的情景、时空特性等，令提供的知识服务资源内容更加准确和便捷。

（5）服务反馈和评价

该阶段是用户根据微信公众平台提供的知识资源与实际需求的契合情况，通过评论、留言或点赞、转发分享等方式反馈服务效果，向微信公众平台反馈服务知识的创新和利用情况，指出服务方式、功能、资源内容存在的不足和缺陷。微信公众平台根据服务对象反馈的结果，修正、完善或重新设计知识聚合服务产品的功能，及时发现知识聚合服务过程中的问题并及时调整，保障知识聚合服务活动的正常运行，以期最大程度地满足用户知识服务需求。

3.4.2　微信公众平台数智化知识服务体系框架构建

体系框架构建应从系统学视角出发，遵循系统工程的相关原则。以提供高质量知识服务为目标，在用户知识需求驱动下，综合运用大数据挖掘、数理统计、机器学习、知识图谱等挖掘及聚合方法和工具，实现知识采集、筛选、抽取、集成和序化组织、可视化展示等功能。依据上述分析的微信公众平台知识聚合服务的组成要素、动因、流程等，本书初步构建了微信公众平台数智化知识服务体系框架，如图3-2所示。该体系框架包括数据资源层、用户知识需求挖掘层、知识资源聚合层、服务提供层4个主要模块。

（1）数据资源层

数据采集主要是实现微信公众平台知识资源、用户信息和需求等数据采集。知识资源采集主要通过微信公众平台数据库或运用“网络爬虫”采集到相应的微信公众号上发布的领域知识资源、用户生成内容等；知识资源预处理主要是对知识资源进行规范化处理，去除知识文本中的图片、超链接、特殊

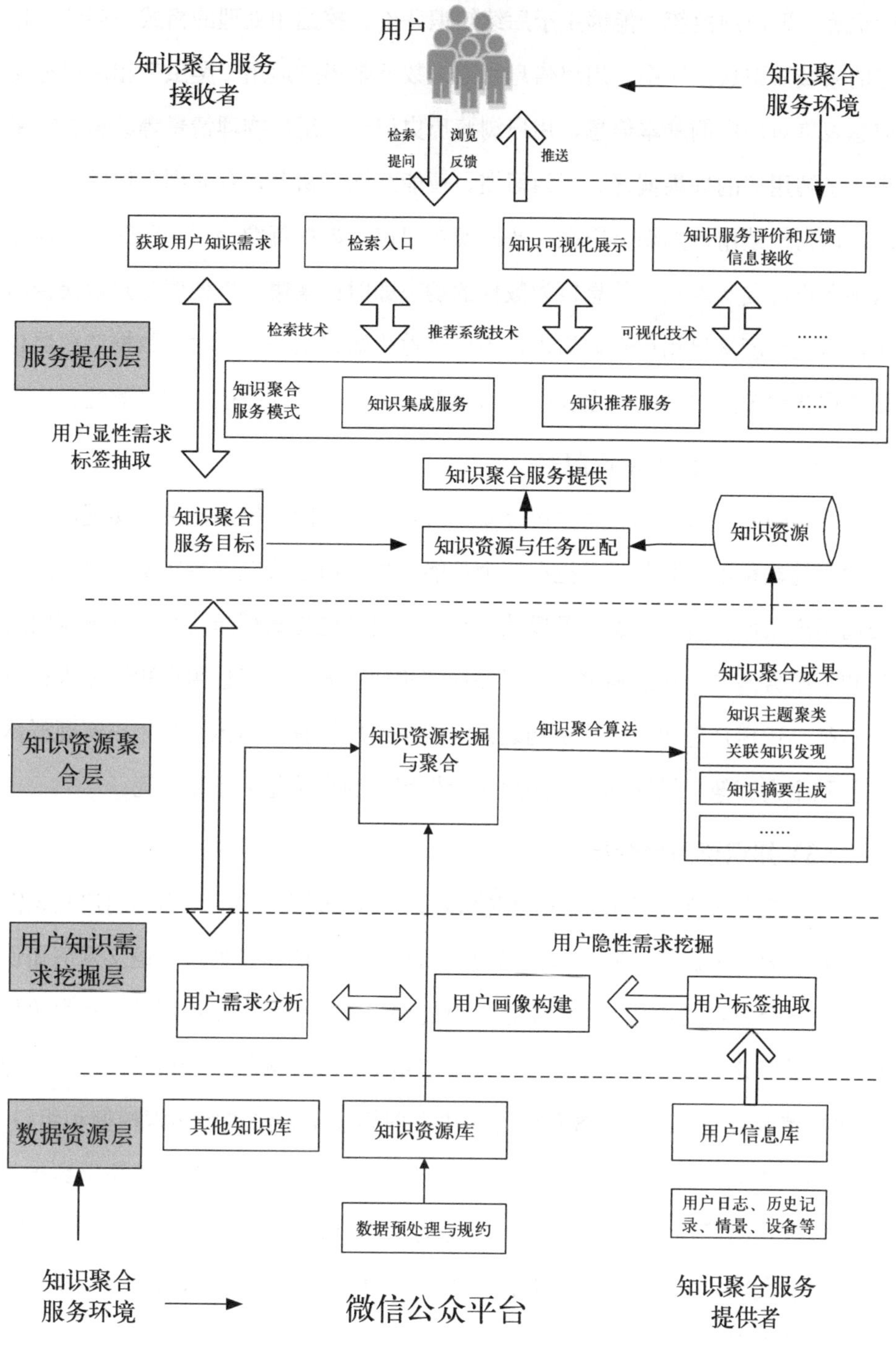

图3-2　微信公众平台数智化知识服务体系框架

标记等，形成规范统一能够用于后续知识评价、挖掘和处理的格式，存储到相应的领域知识数据库中。用户信息和需求数据采集是运用“爬虫”和用户提交信息表单对用户的基本信息、用户浏览历史记录、用户物理情景等数据进行采集，了解用户的兴趣偏好、行为习惯、智能终端等情况，存储到用户基本信息库，以为后续用户知识需求挖掘及画像构建提供数据资源保障。同时，微信公众平台也需要实现用户信息行为数据的动态即时性采集，以便调整知识聚合结果，更大程度满足用户知识需求，提供个性化知识服务。同时，数据资源层也要依据微信公众平台的动态变化及时更新，保障数据的时效性和有效性。

（2）用户知识需求挖掘层

用户知识需求挖掘层是微信公众平台知识聚合的起始层，主要实现用户画像模型构建和用户服务需求挖掘两个功能。由于微信公众平台知识聚合服务是面向用户知识需求的知识服务模式，平台主要通过显式和隐式两种方式获取用户知识服务需求。然后通过运用标签标注和抽取的方式表达用户知识需求和用户特征，运用合理的用户画像构建方法实现用户标签化画像，将用户实现群体画像和个人画像，描述出各类用户和个性用户的个性化需求和特征。

（3）知识资源聚合层

知识资源聚合层是最为关键和核心的模块，该层主要实现面向用户知识需求的知识内容挖掘和关联聚合，需要数据挖掘、智能信息处理、语义网等知识挖掘和聚合组织技术与方法的支撑。首先进行文本处理，以词语或句子为单位对文本进行分词，然后将文本表示成能够用于后续挖掘和聚合组织的形式，运用数据挖掘、知识组织、数理统计、语义网等技术方法进行知识挖掘和组织，揭示知识之间的关联，实现知识资源聚合及关联发现。本书主要采用聚类算法、最大边缘算法（MMR）、语义网等方法实现微信公众平台知识资源聚类、关联知识发现、文本摘要生成等知识聚合，为后续开展知识聚合服务提供知识资源和技术支持。

（4）**服务提供层**

服务提供层主要完成微信公众平台知识服务准备、知识服务提供、知识服务评价与反馈等任务，也是服务实践应用层。首先进行知识聚合服务准备，主要进行知识资源选择匹配、知识服务方式和渠道准备等。知识服务任务与知识聚合成果之间匹配是微信公众平台依据用户知识服务需求画像和服务目标设计选择合适的知识聚合成果，筛选和组织符合用户需求的知识资源。微信公众平台知识聚合服务过程中不仅仅是实现知识资源内容与用户知识需求匹配，也要实现知识服务方式和服务平台系统的匹配和选择。知识聚合服务提供是以用户服务需求为基础，设计满足功能和作用的知识服务体系。基于不同的知识聚合方法和聚合成果，本书设计微信公众平台为用户提供知识推荐服务和知识集成服务：① 知识推荐服务。知识推荐服务是微信公众平台通过挖掘与发现知识资源之间的关联联系，依据关联关系进行相似知识推荐和关联知识主题推荐服务。微信公众平台也可以采用引导和鼓励用户标注主动生成知识资源标签形式进行知识组织和管理，实现知识资源标签与用户画像标签的匹配，提供基于知识标签的个性化知识推荐服务。可见，知识推荐服务能够解决微信公众平台知识资源过载问题，提高用户知识获取的效率，吸引更多用户参与到微信公众平台知识交流和利用，是当前微信公众平台亟须完善的知识服务方式。② 知识集成服务。知识集成服务是微信公众平台面向用户知识需求进行知识资源内容总结和概括，形成对知识资源内容摘要和总结，利用生成的摘要开展知识服务的一种形式。知识集成服务能够方便用户对领域知识进行全面获取和利用，减少用户知识搜寻和获取的成本，提高用户的服务体验。

服务提供层还提供知识服务界面、评价和反馈接口，实现微信公众平台与用户之间的服务交互。微信公众平台知识聚合服务界面设计要迎合用户使用习惯，服务界面要简单易用，让用户能够快速接受并掌握。微信公众平台通过知识聚合服务系统平台界面运用知识可视化技术将符合用户知识需求的聚合内容在平台进行可视化展示，并依据用户画像和服务需求主动向用户推送知识、开展服务。用户可以通过微信公众平台提供的检索入口和服务界面检索、点击和获取利用知识资源，并将自身对于微信公众平台提供的知识聚合服务效果进行评价反馈。

3.5 本章小结

本章将用户画像引入用户知识需求和特征分析，实现全面、精准的用户表达，同时引入了知识聚合方法实现微信公众平台知识序化组织与整合，为微信公众平台数智化知识服务创新和转型提供新思路。通过对微信公众平台数智化知识服务机理进行解析，构建了知识服务体系框架，主要的工作内容和结论如下：

① 辨析了知识聚合服务与用户知识需求之间的关系，明确了微信公众平台面向用户知识需求开展知识聚合服务的可行性和必要性。认为用户画像是对用户特征和知识需求强有力的外化表达工具，通过建立用户画像实现用户知识需求分析，能够更好地实现知识资源聚合与服务。

② 界定了微信公众平台知识聚合服务概念，认为面向用户知识需求的微信公众平台知识聚合是为了满足用户个性化知识需求的，通过计量分析、数理统计、社会网络分析、数据挖掘、人工智能等方法分析挖掘知识单元的内在联系，将微信公众平台复杂多样化、数量庞大、无序碎片的领域知识资源重新组织和序化，形成结构完善的知识体系，为后续微信公众平台知识聚合服务提供资源保障。认为知识聚合服务目标主要有3个，分别是：实现面向用户知识需求的个性化服务，延伸和创新知识服务模式；提高微信公众平台知识组织管理水平，增加知识资源重用率和交流传播效率；实现微信公众平台功能价值和品牌增值。同时，在知识聚合及服务过程中需要遵循“用户为本，需求至上”、知识资源权威可靠、知识服务方式合理可行等原则。

③ 解析了面向用户知识需求的微信公众平台知识聚合服务的组成要素和内在动因。将微信知识聚合服务的组成要素分为知识聚合服务参与者、知识资

源服务内容、知识聚合服务环境、知识聚合服务技术4部分。将微信公众平台知识聚合服务动因主要分解为3条动因路径。分别是用户知识需求驱动、微信公众平台效益和价值最大化的驱动以及先进技术助推和支撑。

④ 构建了微信公众平台数智化知识服务体系框架。将微信公众平台数智化知识服务过程主要分为用户画像、知识采集和预处理、知识挖掘与关联聚合、聚合服务提供、反馈评价、知识更新等阶段。初步构建设计了微信公众平台数智化知识服务体系框架，如图3-2所示。该体系框架包括数据资源层、用户知识需求挖掘层、知识资源聚合层、服务提供层4个关键模块。

第4章

微信公众平台用户画像构建及需求分析

随着移动互联网和大数据的发展，微信公众平台亟须从传统的知识交流和服务模式向创新型精准、智能化的知识服务模式转型。微信公众平台需要一种有效的技术方法收集用户数据和需求。用户画像作为了解用户的最佳方式在不同的行业得到成功应用，它可以使微信公众平台更加了解用户期望，瞄准用户需求，触及目标用户，为知识聚合服务提供更好的支撑。因此，微信公众平台数智化知识服务过程中可以借助用户画像来对服务对象清晰定位，还原和描述真实的用户场景，直接高效地了解用户需求。微信公众平台用户画像能够洞察和刻画表达用户需求心理变化和偏好习惯，解决用户知识服务需求与微信公众平台粗放型知识服务不对称问题，精准定位用户群体，进行个性化的知识组织和推荐服务，最终实现个性化知识服务。因此，本章拟针对微信公众平台用户画像构建及需求方面的问题开展研究，探讨微信公众平台用户画像的基础理论与实现方法，建立用户知识需求模型，为后续微信公众平台数智化知识服务研究奠定基础，同时为微信公众平台制定基于用户画像细分的运营和推广策略提供理论借鉴。

4.1 微信公众平台用户画像概述

用户画像是一种通过用户特征标签集合形成的对用户简短而有效的描述，早期主要应用于电子商务和市场营销领域，从20世纪80年代开始逐渐应用于图书馆、网络社区、健康医疗、旅游管理等更多领域，在精准营销、个性化推荐、系统优化等方面得到广泛应用。用户画像为微信公众平台用户知识需求分析提供有效依据，能够助力微信公众平台知识服务取得突破性进展。微信公众平台通过对不同用户个体或群体进行画像，能够充分深入地了解用户内外在需求，便于后续利用数据挖掘和人工智能等技术方法实现精准化、智能化的相关服务。

4.1.1 微信公众平台用户画像内涵

用户画像的概念最早由交互设计之父A.Cooper提出，他在研究中将用户画像定义为“基于用户真实数据的虚拟代表”，英文概念为“User Persona”，是从调研数据中抽象出来的典型用户代表。而随着计算机技术的不断发展以及研究的不断深入，在数据驱动下，部分国外学者根据积累的实际用户数据提炼生成用户特征标签，并将用户画像的概念定义为“User Profile”，认为用户画像是网络海量数据背景下对于用户特征和用户偏好的结构化表示。国内学者在关于用户画像的理论研究中将用户画像视作同一概念，对其内涵的描述略有不同。刘海鸥等综述了相关的用户画像概念，认为用户画像首先是用户真实数据的虚拟代表，是具有相似背景、兴趣、行为的用户群在使用某一产品或者服务时所呈现出的共同特征集合。其次，用户画像关注的是经过静态和动态属性特征提炼后得出的“典型用户”，是具有某种显著特征的用户群体的概念模型。最后，用户画像更加强调用户的主体地位，更加凸显用户的特定化需求。余孟杰认为用户画像是基于用户的人口属性、行为、习惯或心理偏好等信息挖掘出来的用户模型。用户画像也被叫作用户信息标签化，即给不同的用户按照特征“贴标签”，通过收集用户人口统计特征、社会属性、偏好特征等维度数据，对用户或者产品特性抽取标签进行刻画，是基于用户行为分析获得的对用户的一种认知表达，也是后续数据分析加工的起点。曾建勋认为用户画像是指获取用户的专业背景、文化程度、知识获取习惯、兴趣偏好、特长任务等与用户需求趋向相关的信息，以此为基础进行模型化表示，为用户制定特定标签。

用户画像是基于用户数据的标签化表达，能够体现出用户特征及需求，是对用户行为心理情况的数据化表达。因此，本书所研究的微信公众平台用户画像是为了深入了解和掌握微信公众平台用户特征、挖掘用户知识需求、激发用户潜在知识需求，通过运用问卷调查或大数据技术等方法获取用户属性和用户特征而进一步提炼出的用户标签的集合。用户属性主要指用户的基本信息，包括性别、年龄、学历、职业等。用户特征可以包括用户的习惯或心理偏好、社交网络、行为、能力等。用户标签是将用户属性和用户特征相结合，对用户更精练准确的表达。构建微信公众平台用户画像的目的和意义在于对微信公众平台用户进行虚拟刻画，了解用户，预测用户的真实知识需求和潜在知识需求，精细化地定位人群特征，对用户知识需求进行深度挖掘和表达，协助微信公众平台运营者理解和把握用户心理和行为，为实现精准、智能化的知识聚合服务提供依据。

微信公众平台借助用户画像进行用户知识需求分析具有一定的可行性和先进性。一方面，微信公众平台用户画像虽不等同于用户需求，但是可以在一定程度上反映出用户需求，为用户需求分析提供客观有效的理论依据。其他领域的用户画像实践同时为微信公众平台知识服务提供了理论支撑与参考。微信公众平台可以通过积极地收集微信用户在平台上的注册信息、浏览信息、日志、检索查询记录等对用户进行画像，并对用户进行标签化标注，帮助微信公众平台更加熟悉受众群体，使得知识聚合更加具有针对性和目标性，拉近与用户之间的距离，从而增加知识聚合成果的精准度，为用户提供更加智能化和精准化的知识服务。另一方面，用户画像的基础理论和技术方法在计算机和相关市场营销领域已开展了多年的应用研究，具有扎实的理论基础和方法工具。在大数据和人工智能快速发展的时代背景下，用户画像技术及核心算法不断得到完善，机器学习、大数据挖掘、推荐系统关键技术成为主流，与基于统计分析的用户需求分析方法相比，用户画像在技术方法上具有更高的先进性和科学性。同时，微信公众平台自身创建了大量的知识资源数据库及用户在使用过程中产生了大量的行为数据、社交数据和人口特征等数据资源，为微信公众平台用户画像和建模提供了数据资源保障。

4.1.2 微信公众平台用户画像构建原则

（1）用户画像的时效性

微信公众平台用户画像是一个动态变化的过程，用户的兴趣爱好、浏览历史记录等数据并不是一成不变的，随着用户与微信公众平台不断互动交流而动态变化。因此，构建的微信公众平台用户画像模型也应该随着用户数据即时变化进行动态更新，更加注重用户画像的时效性。同时，用户画像作为微信公众平台后续开展智能化、精准化知识聚合服务的前提，只有保持时效性和即时性，才能保证后续知识聚合服务的准确性和有效性，提高用户的体验和满意度。所以，在微信公众平台用户画像构建的过程中需要关注用户画像的时效性，选取的用户画像方法与工具要能够即时体现出用户画像动态变化特性和可持续利用。

（2）用户画像的细粒度化

当前，大多数的用户画像构建没有注意提取标签特征的粗细粒度，导致部分抽取的标签不具有代表性和典型性，无法准确地反映用户服务需求和基本特征，使得后续知识推荐、发现等服务准确度降低。因此，在定量微信公众平台用户画像的建模过程中需要重点考虑用户画像的抽取标签特征的粒度，即考虑微信公众平台用户画像应该如何细化。抽取的用户需求特征标签的细粒度越小，用户画像越容易表示和呈现得精准化，有助于提高后续微信公众平台知识聚合服务的准确性和可行性。另外，微信公众平台用户画像构建要遵循用户需求标签细粒度化，但也不能进行无限细化的原则，不能过度地细粒度化用户的需求，防止无法将知识资源局限化和单一化。

（3）用户画像的隐私保护

用户隐私保护是微信公众平台用户画像构建和应用中最为重要的问题。由于微信公众平台画像是建立在大量采集平台用户特征数据、行为数据和社交数据的基础之上。在数据采集的过程中，为了保证数据采集的准确性和高质量，不可避免地要收集用户个人基本信息，这就涉及用户隐私问题，特别是在大数据环境下更是如此。那么如何在合理保护用户隐私前提下，实现用户画像的精准性和可行性成为阻碍用户画像的最主要的问题。这就需要微信公众平台运营者实施更加有效的措施加强用户隐私保护，合理地引导用户进行隐私信息披露。微信公众平台用户画像中的用户隐私管理不仅需要技术方法和手段，也需要完善相关条例和法规。同时，在技术层面保护用户敏感隐私信息，保证用户隐私数据的安全，防范各种风险。在运用算法工具进行用户画像建模过程中融入隐私保护和加密技术，保障用户对敏感信息和隐私数据的控制权，最终在保障用户隐私的前提下构建出清晰有效的微信公众平台用户画像。

4.2 微信公众平台用户画像构建

目前，网络平台用户画像构建一般分为数据收集处理、用户特征标签提取以及用户画像模型构建三个主要阶段。其中数据收集拥有多种途径和方法，可以通过数据库工具或者网络爬虫技术从业务系统中获取用户基础数据，也可以采用访问、问卷调查和深度访谈等多种调研形式获取；用户特征标签抽取就是文本信息抽取的过程，通过用户基本属性描述、社交行为、偏好习惯以及浏览关注记录等多源数据运用文本挖掘和信息抽取方法提取特征词描述用户特征；用户画像模型的构建常用的方法有数据统计分析、过滤技术、主题模型提取等建模方法，目前借助大数据技术和数据挖掘模型开展用户画像模型构建的较多，其本质就是抽取多个标签组织描述用户特征。此外，为了更清晰直观地对用户画像进行展示，常利用可视化技术以标签云（词云）或统计图形（折线图、直方图）的形式呈现用户特征。其中，标签云是用户画像可视化的主要形式，标签的大小与用户特征显著程度成正比，可用于单个和群体用户的可视化呈现，使用户画像更容易理解。

本书以现有的相关研究为理论基础，结合微信公众平台及平台用户的特点提出微信公众平台用户画像构建的整体研究思路：以用户行为细分和VALS2分析为主，以人口统计学变量细分为辅，从宏观层面对微信公众平台使用者进行分群，进而研究其知识需求和使用行为特征以构建用户画像，同时使用因子分析、聚类分析、判别分析法等多种方法对用户群体进行画像，最终采用Python语言中的WordCloud包绘制各类用户的心理行为和需求作为标签云。用户画像构建流程及设计思路如图4-1所示。

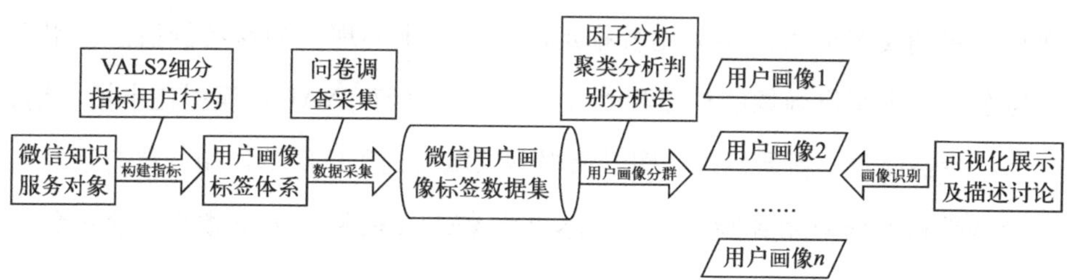

图4-1　微信公众平台用户画像构建流程及设计思路

用户画像构建的基础是用户数据，由于微信公众平台生态圈的封闭性，无法有效获取微信公众平台实际的用户行为数据进行虚拟画像。因此，本书拟借鉴文献《高校移动图书馆用户画像构建实证》的方法，采用VALS2量表设计调查问卷采集用户数据，设计用户画像标签框架，从而对不同用户进行细分后再进行差异化标签描述，为微信公众平台用户进行更有效的市场细分提供理论依据。

4.2.1 VALS2模型概述

价值观及生活方式调查（Values and Lifestyle Survey，VALS）是由美国加利福尼亚的SRI国际公司开发出来的用于市场营销领域的消费者细分模型，后来加入心理学测量因素以及收入、教育程度、购物欲望等其他因素，发展成了VALS2模型，包括与消费行为有关的项目，它将消费者分为8大类，主要分为基于4个人口统计变量和42个倾向性的项目编成的量表，能够全面地反映用户的产品或服务使用行为模式。VALS2模型细分市场用户基于两个因素：① 消费者的资源，包括收入、教育、自信、健康、购买愿望、智力和能力水平；② 自我导向，即什么激励用户参与购买或使用产品服务，包括了用户的行为和价值观念，其中被验证的有三种自我导向，分别是以原则为导向、以地位为导向以及以行为为导向。

VALS2模型是基于人类社会基本价值观点的模型，是目前用于价值观和生活形态研究的首选模型，采用价值观量表进行问卷调查，目前已经适用于多个领域和行业，并且在不同的国家行业进行应用，具有较强的适用性和效度，而且其将消费者分类的结果比较稳定，具有一定的现实和参考价值，适用于微信公众平台用户画像的构建和差异化分类。目前，VALS2模型在市场营销、零售、金融保险、新闻传播、图书情报等领域得到了广泛的应用，具有较好的理论基础和实践应用经验。因此，本书将VALS2模型应用于微信公众平台用户画像设计和构建具有一定的可行性和很强的可操作性。

4.2.2 基于VALS2的用户标签体系设计

微信公众平台用户画像构建的目的是对用户知识需求进行分析，因此，本书以了解用户知识服务需求为出发点，根据微信公众平台用户知识获取的使用情境和平台业务服务目标，基于VALS2模型量表和用户行为进行用户画像的标签体系设计。建立“用户资源”和“用户自我导向”两个维度细分指标，分别对应VALS2量表中的“消费者的资源”和“自我导向”两个细分因素。

首先，用户资源角度，即用户的人口统计特征层面。微信公众平台用户画像标签涵盖了用户的性别、年龄、受教育程度、学科背景、职业5个人口统计变量，同时包括了访问频次、访问知识内容主题、使用偏好习惯、用户体验及满意度、持续使用忠诚度等用户行为变量对应用户使用愿望、能力水平以及行为习惯等。本书设计了如表4-1所示的用户分群测量量表。

表4-1 VALS2用户分群测量量表（一）

维度		测量语句内容	指标
用户资源	人口统计特征	您的性别	性别
		您的年龄	年龄
		您的学历水平	学历
		您所在的学科专业（或研究领域）	学科背景
		您所从事的职业	身份
	用户使用行为	您是否关注、访问和使用微信公众平台	是否使用
		您每周使用微信公众平台的频次大约是多少	使用频次
		您使用微信公众平台主要关注的主题内容	使用内容
		您是否具有明确的服务需求后上微信公众平台寻找服务需求的相关知识内容	需求明确
		您是否满意当前的学术微信公众号提供的资源和服务	知识资源
		您是否感觉使用当前的微信公众平台带来不好的服务体验	服务体验
		您是否会继续使用当前的微信公众平台服务	持续使用

其次，用户自我导向角度，即分为以原则为导向的用户、以地位为导向的用户以及以行为为导向的用户。以原则为导向的用户是指被知识而不是感觉或其他人的观点所左右的用户，即自身主观判断和认知影响用户的参与和使用微信公众平台知识服务。微信公众平台用户的主观认知主要是对微信公众知识服务的功能、易用性、可操作性以及界面设计的体验和判断。例如微信公众平台的知识订阅推送、界面指引和帮助、功能作用等。以地位为导向的用户是

指容易受到其他人的行为或观点影响的用户，即线上线下其他用户容易影响用户的参与和使用。用户在微信公众平台的社交分享、他人的点赞和评论、运营人员支持和服务以及相关的培训讲座等影响用户的参与和使用知识服务。而以行为为导向的用户则喜欢社会性的或物质刺激的行为、变化、活动和冒险，容易被新奇和刺激的东西吸引，进而使用，即利用微信公众平台的吸引力和激励制度来促使用户参与和使用。微信公众平台设计各种激励制度、新功能、奇特动画效果、广告营销和创新技术等措施以激励和鼓励微信公众平台用户参与和使用。

借鉴已有研究成果，结合微信公众平台用户实际情况，本书在自我导向维度共设计选取了26条价值观测量语句，如表4-2所示。

表4-2　VALS2用户分群测量量表（二）

<table>
<tr><th colspan="2">维度</th><th>测量语句内容</th><th>指标</th></tr>
<tr><td rowspan="12">用户自我导向</td><td rowspan="9">以原则为导向</td><td>微信公众平台公众号的界面与系统符合我的使用习惯</td><td>使用习惯</td></tr>
<tr><td>微信公众平台公众号的知识资源更新速度快</td><td>知识更新</td></tr>
<tr><td>微信公众平台公众号的知识资源数量庞大</td><td>资源数量</td></tr>
<tr><td>微信公众平台知识类型、格式类型多样化</td><td>类型多样化</td></tr>
<tr><td>我习惯使用微信公众平台公众号的知识搜寻和查找功能</td><td>知识检索</td></tr>
<tr><td>我习惯使用微信公众平台关注前沿的知识内容</td><td>前沿知识</td></tr>
<tr><td>我认为微信公众平台公众号的知识具有较高的质量</td><td>高质量知识</td></tr>
<tr><td>我认为微信公众平台公众号的订阅和推送知识全面</td><td>知识全面</td></tr>
<tr><td>我习惯观看微信公众平台公众号的视频课程和直播</td><td>视频直播课程</td></tr>
<tr><td rowspan="3">以地位为导向</td><td>我喜欢通过微信公众平台公众号社交分享和与他人互动交流</td><td>社交互动</td></tr>
<tr><td>微信公众平台公众号的服务与运营人员能够及时提供回复和解答</td><td>问答及时回复</td></tr>
<tr><td>我习惯将微信公众平台公众号知识资源分享到社交平台或其他人</td><td>资源社交分享</td></tr>
</table>

续表

<table>
<tr><th colspan="2">维度</th><th>测量语句内容</th><th>指标</th></tr>
<tr><td rowspan="15">用户自我导向</td><td rowspan="5">以地位为导向</td><td>我喜欢关注微信公众平台的知名专家</td><td>知名专家</td></tr>
<tr><td>我喜欢关注微信公众平台的感兴趣主题并参与相关讨论</td><td>兴趣主题</td></tr>
<tr><td>我通常会点赞和评论微信公众平台高质量的文章和课程</td><td>点赞评论</td></tr>
<tr><td>我会经常关注和参加微信公众平台公众号的培训和了解操作技巧</td><td>操作培训</td></tr>
<tr><td>我比较注重微信公众平台上其他人员对我的认可</td><td>他人认可</td></tr>
<tr><td rowspan="10">以行为为导向</td><td>微信公众平台公众号的新技术应用吸引我使用和关注公众号</td><td>新兴技术</td></tr>
<tr><td>我很期待获得微信公众平台公众号设置的各类奖品和奖励</td><td>激励措施</td></tr>
<tr><td>我容易被微信公众平台公众号的运营推广广告和案例吸引</td><td>宣传广告和推广</td></tr>
<tr><td>我会因为微信公众平台公众号获取知识资源经济、灵活和随意而使用它</td><td>灵活便捷</td></tr>
<tr><td>我偶尔也因为无聊或自娱来点击和浏览微信公众平台知识内容</td><td>无聊自娱</td></tr>
<tr><td>我经常会因他人的分享资源质量高、新奇而关注和使用微信公众平台</td><td>新奇和新颖</td></tr>
<tr><td>我乐于使用微信公众平台公众号追踪前沿的研究和知识内容</td><td>追踪前沿</td></tr>
<tr><td>与其他偏实用的公众号相比，我更喜欢追求流行和关注潮流的微信公众平台公众号</td><td>潮流热门</td></tr>
<tr><td>我通常会因为课程内容直播免费及知识免费共享而使用和关注微信公众平台公众号</td><td>免费知识</td></tr>
</table>

4.2.3 用户画像标签权重设计

微信公众平台用户画像在于标签的差异化，即不同的用户群体在某一标签上的体现的重要程度（标签的权重）是不一样的，选取权重较大的标签来标注不同群体的用户特征和需求以形成用户画像。目前，已经存在多种权重的分配方法，诸如德尔菲法、层次分析法等。由于微信公众平台无法实现在手机端实时采集用户行为数据，并且也无具体的功能模块代码来追踪和记录用户行为数据，故选择采用调查问卷形式来获取用户知识方面需求和心理数据。本书以VALS2和用户行为构建的测量用户需求标签，其实是对用户短期内稳定的需求感知值，面向不同的服务需求来决定标签权重的分配和使用，可以采用李克特5级量表由高到低来表达用户在某一方面的需求程度和态度体现。因此，本书采用统计各个用户需求测量变量在每个分群的均值作为用户画像标签权重，而人口统计和用户使用行为方面则采用属性值进行频率排序，由此来定义用户画像标签的权重值。

4.2.4 实证研究——以“学术类微信公众号用户”为例

本书调查问卷参照VALS2模型量表设计，主要由两部分组成：一部分是从用户资源维度，包括了用户基本人口统计特征和用户使用行为，另外一部分是用户自我导向维度，参照相关的价值观语句设置了测量问题。问卷初步拟定之后，选取了相关的微信公众平台使用用户、部分研究生进行了问卷前测。在征询意见后修改了问卷中表达不够清楚、歧义的问题表达句，并删除了重复性和表意不清楚的题项，形成最终的调查问卷。最终形成的调查问卷主要由3大部分组成。其中，第一部分为用户人口统计特征信息测量，以满足对于微信公众平台用户进行描述性细分的需求，主要有性别、年龄、学历、职业、学科等，如表4-1所示；第二部分是针对用户使用行为方面的测量，为后续微信公众平台用户使用需求进行描述和表达，主要包括用户使用频次、服务体验等，如表4-1所示；第三部分是主要针对微信公众平台用户的VALS2分群设置的测量问句，共由26个测量问题组成，如表4-2所示。采用李克特5级量表进行程度评测。

为了保证调查问卷回收数据的可信度和广度，问卷发放和回收主要面向在校大学生、研究生、企事业单位以及其他从事科学研究的研究院所人员，主要通过线上微信、QQ群、问卷星等网络发放和线下实地发放相结合的方式，持续发放了30天，累计回收调查问卷465份，去除不使用微信公众平台的公众以及重复的和缺失的问卷，有效问卷396份。从整个问卷的设计阶段、发放阶段、回收阶段以及研究阶段都严格执行对用户隐私的保密原则。

4.2.4.1 样本特征统计分析

为保障后续因子分析和聚类分析的效果，以及用户画像的准确性。在标签建模分析之前先进行样本特征统计分析。运用SPSS通过数据质量分析后发现，获取的调查样本中调查对象的人口统计属性分布如表4-3所示，主要关注的内容主题如表4-4所示。从表4-3可以看出，调查对象范围较为广泛，从事职业主要为事业单位人员、企业职员和学生，涉及多个学科行业，以工学和管理学、经济学、理学类用户居多。从表4-4可以看出微信公众平台公众号用户主要关注前沿资讯、专业领域、生活百科等话题内容。

表4-3 调查对象的人口统计属性分布

人口统计特征	类别	占比/%	数量
性别	男	41.41%	164
	女	58.59%	232
职业	事业单位人员	16.92%	67
	公务员	3.51%	2
	企业职员	32.52%	6
	学生	36.54%	311
	医生	2.25%	1
	个体经营者	5.25%	1
	其他	2.02%	8
学科专业	哲学	1.01%	4
	经济学	7.32%	29
	法学	0.51%	2
	教育学	2.02%	8

续表

人口统计特征	类别	占比/%	数量
学科专业	文学	3.79%	15
	历史学	0%	0
	理学	6.82%	27
	工学	45.71%	181
	农学	0.25%	1
	医学	1.77%	7
	管理学	28.54%	113

表4-4　用户主要关注的话题内容

话题内容	数量	占比/%
前沿资讯	237	59.85%
专业领域	205	51.77%
生活百科	139	35.1%
招聘会议	83	20.96%
亲子母婴	66	16.67%
课程直播	110	27.78%
医疗保健	190	47.98%

4.2.4.2　因子分析及分类标签抽取

（1）问卷的信度和效度检验

为了更好地进行因子分析和数据处理，本书将人口统计特征以外（即附录中Q9～Q38）的测量结果利用SPSS工具进行信度和效度的分析。运用克拉巴哈系数α来度量问卷的信度，分析得到$\alpha=0.941>0.9$，说明问卷的信度非常高，可靠性较高。通过系数α统计量表发现，30个测量语句的α值介于0.946～0.953之间，说明问卷测量问句的一致性很高，不需要删除问卷选项。然后采用KMO（抽样适合性检验）和Bartlett球形检验（巴特利特球形检验）结果来判断样本数据是否适合进行因子分析，分析结果如表4-5所示。从表4-5可以看出KMO＝0.952＞0.9，显著性水平P＜0.001，说明所获取的调查样本数据适合做因子分析。

表4-5　KMO和Bartlett球形检验结果

KMO取样适切性量数		0.952
Bartlett球形检验	近似卡方	6823.203
	自由度	435
	显著性	0.000

（2）因子降维及分类标签抽取

为了获取用户画像的差异化个数，探索分为几个群体较为合适，本书借助SPSS软件对30个测量变量进行降维并获取其特征因子。采用主成分分析法进行因子提取，特征值大于1，最大收敛迭代次数设置为50，输出因子提取碎石图，见图4-2所示。采用最大方差方法旋转进行因子萃取，输出旋转矩阵和载荷图，如表4-6所示。考虑到公因子选取不宜过多的原则，从图4-2和表4-6可以看出，当选取4个因子时，总方差解释达到了58.414%，较为合适。相应的旋转成分矩阵如表4-7所示。

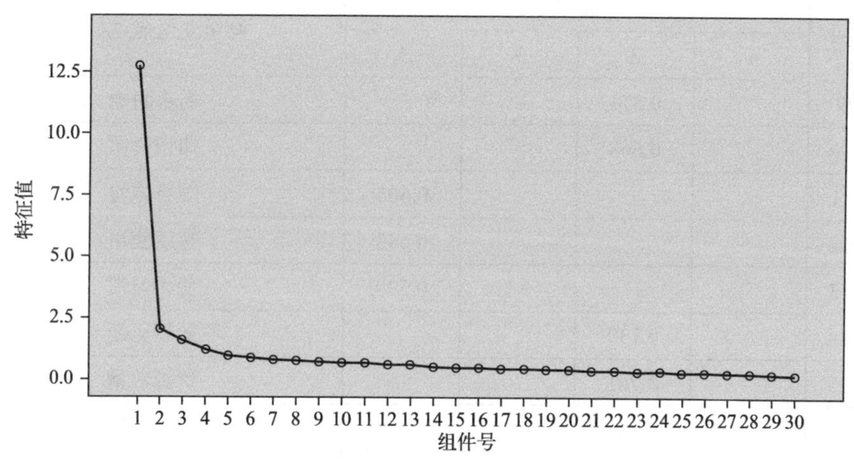

图4-2　因子提取碎石图

表4-6　微信公众平台用户特征测量变量因子分析总方差解释

成分	初始特征值			提取载荷平方和			旋转载荷平方和		
	总计	方差百分比	累积/%	总计	方差百分比	累积/%	总计	方差百分比	累积/%
1	12.751	42.504	42.504	12.751	42.504	42.504	6.135	20.448	20.448
2	2.017	6.723	49.227	2.017	6.723	49.227	5.495	18.315	38.764
3	1.578	5.261	54.488	1.578	5.261	54.488	4.654	15.514	54.277
4	1.178	3.926	58.414	1.178	3.926	58.414	1.241	4.136	58.414
5	0.957	3.191	61.605						
6	0.875	2.916	64.520						
7	0.793	2.644	67.165						
8	0.743	2.476	69.641						
9	0.708	2.360	72.000						
10	0.674	2.247	74.248						
…	…	…	…						
…	…	…	…						
30	0.183	0.611	100.000						
提取方法：主成分分析法									

表4-7　旋转后的成分矩阵

项目	成分				测量变量描述标签
	1	2	3	4	
Q9		0.574			需求明确
Q10		0.668			知识资源
Q11				0.605	服务体验
Q12				0.643	持续使用
Q13				0.590	使用习惯
Q14		0.739			知识更新
Q15		0.761			资源数量
Q16		0.726			类型多样化
Q17				0.557	知识检索

续表

项目	成分				测量变量描述标签
	1	2	3	4	
Q18		0.524			前沿知识
Q19		0.585			高质量知识
Q20		0.670			知识全面
Q21		0.532			视频直播课程
Q22	0.666				社交互动
Q23	0.530				问答及时回复
Q24	0.628				资源社交分享
Q25	0.561				知名专家
Q26	0.644				兴趣主题
Q27	0.502				点赞评论
Q28				0.720	操作培训
Q29	0.661				他人认可
Q30			0.545		新兴技术
Q31			0.546		激励措施
Q32			0.674		宣传广告和推广
Q33				0.677	灵活便捷
Q34	0.710				无聊自娱
Q35			0.721		新奇和新颖
Q36			0.737		追踪前沿
Q37			0.569		潮流热门
Q38			0.686		免费知识
提取方法：主成分分析法。 旋转方法：正态化最大方差法					
旋转在9次迭代后已收敛					

根据表4-7中各个因子在原始变量上的负荷系数，总结微信公众平台用户画像的分类特征因子如下。

特征因子1：该特征因子与社交互动、资源社交分享、兴趣主题、点赞评论、他人认可、无聊自娱等因子相关，这些因子体现了微信公众平台用户使用微信公众平台的社交娱乐功能。因此，本书将此特征因子命名为社交娱乐型因子。

特征因子2：该特征因子与用户知识需求、知识资源更新速度、数量级别、类型多样化、全面性、视频直播课程等有关系，集中体现为微信公众平台用户对于知识的需求特征。因此，本书将该特征因子命名为知识资源需求型因子。

特征因子3：该特征因子与新兴技术、激励措施、宣传广告与推广、用户新奇、追踪前沿、潮流热门、免费知识等吸引公众参与相关，它体现了初期微信公众平台用户由于受到吸引和好奇心心理参与和使用微信公众平台。因此，本书将该特征因子命名为从众参与型因子。

特征因子4：该特征因子与微信公众平台用户服务体验、持续使用、知识检索功能、使用技能操作培训、灵活便捷等涉及用户对于微信公众平台智能终端在日常使用上的体验与用户服务功能体验评价有关。因此，本书将此特征因子命名为服务功能体验型因子。

4.2.4.3 用户画像聚类分析及可视化

（1）用户画像聚类分析

针对上述提取的4个用于区分用户群体画像的差异化特征因子后，本书选取经典的K-Means聚类算法对所有样本聚类，从而确立用户群体画像的个数。K-Means聚类算法是最经典划分迭代聚类算法，简洁和高效使其成为所有聚类算法中应用最广泛的方法。通过给定一个数据点集合和需要的聚类数目k实现样本聚类，其中k值由用户预先设定，K-Means算法在执行时根据某个距离函数反复把数据分入k个类别中。在用户细分领域，相关领域的学者建议将其聚类个数界定在3～6个。本书结合用户生命周期理论与微信公众平台使用行为场景等方面信息进行最优聚类方案选取。用户生命周期是指用户从开始接触产品到离开产品的整个过程。部分学者将其分为初始阶段、成长阶段和成熟阶段3个阶段，也有学者将其分为引入阶段、成长阶段、成熟阶段、衰退阶段4个阶段，部分新媒体研究学者将其分为导入期、成长期、成熟期、休眠期、流失期5个阶段。不同个体在同一生命周期阶段的行为模式具有趋同性，按照不同的阶段进行用户画像能够寻找用户在生命周期阶段内的统一性，便于分析阶段群体的共同行为特征。依据用户所处的不同生命周期阶段，可根据其价值形态的变化和用户行为特征制定适合当前生命周期阶段的管理策略或应对措施。因此，本书将K-Means聚类算法的初始聚类中心值k设置为3～5个，结合判别分析法和Wilks′ Lambda值（威尔克斯λ值）进行聚类中心值筛选，其中F值和Sig值均采用去均值的方法，如表4-8所示。从表4-8可以看出，当聚类个数为4或5时，各个特征因子的F值之间的差异很小，表明用户画像之间的差异性不够明显，同时，Wilks′ Lambda值越小表示组均值不等，判别分析才有意义，因此，本书选取微信公众平台用户画像聚类的个数为3个。

表4-8　微信公众平台用户画像聚类方案及判别分析指标

聚类方案	聚类3		聚类4		聚类5	
特征因子	F值	Sig	F值	Sig	F值	Sig
社交娱乐因子	106.51	0.000	85.53	0.000	66.90	0.000
知识资源需求因子	96.79	0.000	86.63	0.000	69.04	0.000
从众参与因子	76.05	0.000	67.71	0.000	53.24	0.000
服务功能体验因子	84.80	0.015	70.84	0.000	55.90	0.000
Wilk′s Lambda	0.082		0.0935		0.124	

当用户画像聚类为3类时，从SPSS抽取4个特征因子分别的最终聚类中心值如表4-9所示，从表4-9可以看出3类聚类在各个因子上存在着明显差异性。

表4-9　微信公众平台用户聚类3类时各特征因子的均值中心值

用户画像编号	社交娱乐	知识资源需求	从众参与	服务功能体验
第1类	–0.831	–0.020	0.651	0.203
第2类	–0.103	0.724	–0.860	0.532
第3类	0.473	0.549	–0.96	0.768

（2）用户画像可视化展示

为了更加直观地展示上述分析得到的用户画像聚类结果，本书采用Python中的WordCloud包绘制可视化的用户标签云，其中，每个特征的标签大小由此类用户画像的对应均值决定，字体越大表示该特征越显著。根据表4-9特征因子的分布结果并结合用户生命周期理论对用户画像类别命名，用户的人口统计属性和使用频率属性采用比例的方式呈现，如表4-10所示。

表4-10　微信公众平台用户画像描述和可视化展示

用户画像类型	初期引入参与型用户（聚类1）	成长型用户（聚类2）	成熟型用户（聚类3）
特征因子	从众参与	知识资源需求 服务功能体验	知识资源需求 社交娱乐 服务功能体验
描述标签云			
性别（男:女）	1：1.6	5：6	1：1.1
访问频次（每周）	基本不使用 63.64% 1～5次 33.33% 6～10次 3.03% 10～15次 0% 15次以上 0%	基本不使用 32.86% 1～5次 48.95% 6～10次 10.00% 10～15次 3.87% 15次以上 5.24%	基本不使用 5.88% 1～5次 23.79% 6～10次 18.30% 10～15次 26.99% 15次以上 25.03%
学历	大专及以下 0% 本科 54.29% 硕士 36.19% 博士 9.52%	大专及以下 6.06% 本科 54.55% 硕士 36.36% 博士 3.03%	大专及以下 0.65% 本科 66.01% 硕士 29.41% 博士 3.93%

续表

用户画像类型	初期引入参与型用户（聚类1）		成长型用户（聚类2）		成熟型用户（聚类3）	
专业学科	人文社科学	15.15%	人文社科学	44.29%	人文社科学	9.80%
	理学	3.03%	理学	6.66%	理学	8.49%
	工学	57.58%	工学	8.57%	工学	49.67%
	经济管理类	24.24%	经济管理类	40.48%	经济管理类	32.02%
职业	事业单位人员	1.76%	事业单位人员	15.15%	事业单位人员	16.33%
	公务员	1.43%	公务员	0%	公务员	1.30%
	企业职员	28.57%	企业职员	9.09%	企业职员	20.1%
	学生	50.00%	学生	60.19%	学生	60.29%
	医生	0.48%	医生	9.5%	医生	0%
	个体经营者	0%	个体经营者	0%	个体经营者	0.65%
	其他	1.90%	其他	6.06%	其他	1.306%
年龄分布	20岁以下	21.90%	20岁以下	30.30%	20岁以下	21.90%
	20～30岁	60.48%	20～30岁	57.58%	20～30岁	60.48%
	30～40岁	12.38%	30～40岁	6.06%	30～40岁	12.38%
	40～50岁	2.38%	40～50岁	3.03%	40～50岁	2.38%
	50岁以上	2.86%	50岁以上	3.03%	50岁以上	2.86%
关注主题（Top3）	前沿资讯 招聘会议 专业领域		专业领域 生活百科 医疗保健		生活百科 专业领域 前沿资讯	

4.3 基于用户画像的微信公众平台用户分类与知识需求分析

根据上述分析和用户画像标签可视化表示结果，可以将微信公众平台用户划分为初期引入参与型用户、成长型用户和成熟型用户3类。

4.3.1 初期引入参与型用户

从人口统计特征和访问频次来看，此类微信公众平台用户群体中男女比例为1∶1.6，年龄主要分布于30岁以下，从每周访问频次来看，大部分用户基本不使用和访问频次低于5次。学历分布中以本科生最多，其次为硕士；专业以工学和经济管理类为主，职业类型以学生和企业职员为主，他们主要关注微信公众平台的前沿资讯、招聘会议、专业领域等主题内容。

新奇和新颖、激励措施、免费知识、前沿知识、新兴技术、兴趣主题等是初期引入参与型用户的显著特征。这表明初期引入参与型用户由于受到自身好奇心、研究兴趣爱好、他人的影响等自身因素，或者微信公众号制定的激励措施、发布的前沿知识和免费知识等驱动用户初步关注微信公众平台获取知识。该类用户群体较为追求时尚前沿的技术和知识，并没有深入关注和使用微信公众平台的功能和服务。因此，此类用户源于新鲜度和好奇心接受和利用微信公众平台，较为容易流失和转换为潜水型用户，需要通过功能感知和认同促使其向成长型用户转化。

综上所述，初期引入参与型用户的知识需求主要包括前沿资讯、招聘会议、专业领域等主题内容；根据用户标签进行用户知识服务需求映射，将初期引入参与型用户的用户知识服务需求归纳为知识前沿性需求、知识趣味性需求、资源开放性需求等。

4.3.2 成长型用户

从人口统计特征和访问频次来看，此类微信公众平台用户群体中男女比例接近1∶1，年龄也主要分布于30岁以下。从每周访问频次来看大部分用户访问频次为1～10次，主要进行知识资源获取。学历分布以本科生为主，其次为硕士；专业以人文社科和经济管理类为主，职业类型以学生和事业单位人员为主，他们主要关注微信公众平台的专业领域、生活百科、医疗保健等主题内容。

成长型用户群体具有需求明确、知识检索、知识资源数量、高质量知识、服务体验、灵活便捷等显著特征。这表明成长型用户带有明确的资源需求目的，使用微信公众平台公众号更加关注从中获取高质量、多样化的知识，也拉高了对于微信公众平台公众号的服务体验、系统界面、知识检索等功能的灵活便捷性心理需求。因此，微信公众平台应该丰富专业领域知识数量和范围，提高专业知识原创质量，优化平台的功能和体验来保持此类用户群体的活跃度，同时激发和挖掘用户对视频直播类课程、付费等知识资源服务的潜在需求。通过不断地优化和提升微信公众平台的服务质量，开发平台的社交娱乐功能来满足用户高层次的需求，促使其向成熟型用户转化。

综上所述，成长型用户的知识需求主要包括专业领域、生活百科、医疗保健等主题内容。根据用户标签进行用户知识服务需求映射，将成长型用户的用户知识服务需求归纳为知识质量需求、知识数量需求、基础知识服务需求、系统可用性需求和系统体验性需求等。

4.3.3 成熟型用户

从样本调查的人口统计特征和访问频次来看，此类微信公众平台用户群体中男女比例接近1∶1.1，年龄也主要分布于30岁以下。从每周访问频次来看，相比初期引入参与型和成长型用户，用户访问频次基本不使用频次降低了很多，用户访问频次超过10次的占比达到了52.02%。学历分布中也以本科生为主，其次为硕士；专业以人文社科和经济管理类为主，职业类型以学生和教师或科研人员为主，他们主要关注微信公众平台的生活百科、专业领域、前沿资讯等主题内容。

成熟型用户群体具有社交活动、灵活便捷、服务体验、持续使用、点赞评论、资源社交分享等显著特征。从访问频次来看几乎每天访问和使用微信公众平台，是微信公众平台的忠实粉丝，能够熟练使用各类微信公众平台上公众号的各类功能和服务获取相关的知识资源，更加注重微信公众平台的服务体验和社交娱乐功能，更加关注前沿资讯类、会议招聘类、社交互动主题内容，喜欢转发和分享微信公众平台的原创内容。因此，微信公众平台公众号需要维系和保持此类用户的持续使用，及时收集用户的使用反馈和服务评价，从而不断提升微信公众平台的用户体验，根据用户群体特征进一步开发社交互动和资源分享传播功能，让用户满足高层次的资源需求和服务价值感知体验。

综上所述，成熟型用户的知识需求主要包括生活百科、专业领域、前沿资讯等主题内容。根据用户标签进行用户知识服务需求映射，将成熟型用户的用户知识服务需求归纳为知识交流需求、系统可用性需求、系统可靠性需求、服务多样性需求和系统体验性需求等。

4.4 微信公众平台用户知识需求层次分析

知识服务中的用户知识需求分析一直是国内外知识服务领域研究的重点和难点。随着移动智能终端设备发展和现代信息技术的进步，用户微信公众平台的用户知识需求以及对微信公众平台服务方式要求发生了极大变化。用户越来越不满足于传统的知识服务模式，期待微信公众平台能够提供更加智能、精准化的知识服务。同时，微信公众平台也只有需要关注用户需求、以用户为本才能更好地促进平台的发展和进步。因此，微信公众平台需要树立“以需求驱动服务、以服务带动需求”的服务观念。对于微信公众平台用户知识需求层次分析有助于构建微信公众平台知识聚合服务体系框架，也有助于建立微信公众平台创新知识服务模式。

4.4.1 微信公众平台用户知识需求形成

用户知识需求是对信息需求的延伸和深化，当前对于知识需求还没有形成规范化的概念界定。借鉴已有的研究成果，本书认为微信公众平台用户知识需求是用户为了消除学习、工作、消遣娱乐、社交等过程中产生的问题疑惑或任务而产生的知识方面的需求，包括对于知识资源内容、知识服务方式和知识服务系统3个方面的需求，其中以知识资源需求和知识服务需求为主。微信公众平台用户知识需求的形成是一个循序渐进的过程，也是用户认知形成过程中不断变化升级的动态过程。

Savolainen R.认为用户信息需求是在行为、任务、对话3种不同的情境下形成的。借鉴其分类方式，本书认为微信公众平台用户知识需求也主要形成于这3类情景。其中，行为情景是指用户日常的浏览、检索和使用微信公众号情况下形成知识需求；任务情景是指用户为了完成工作、学习、科研等过程中遇到知识难点、任务等形成的知识需求，该情境下用户知识需求是在求知欲的驱动下形成，符合成长型用户特征和成熟型用户特征；对话情景是指用户使用微信公众平台的点赞、转发、分享、社交活动或者消遣娱乐等过程中形成的知识需求，该情境下用户知识需求形成是用户为了自我需求和社交需求而形成，较为符合成熟型用户类型特征。然而，这三类情境下并不是单一存在的，存在一定的情景重叠与交叉，从而驱动着用户知识需求形成。

（1）初期引入型用户知识需求形成

根据初期引入型用户群体的特征可以分析出该类型用户知识需求一方面是受到平台设计影响，另一方面受到平台内容吸引。平台设计的新奇有趣、激励措施、免费知识等制度和策略会刺激用户知识需求形成，吸引用户关注和使用微信公众平台的知识资源和服务。而用户通过关注微信公众平台所感兴趣的公众号或话题内容，例如浏览新技术和前沿领域知识资源内容吸引也会产生知识需求。初期引入型用户知识需求形成具有即时性和易满足性等特征。微信公众平台可以通过制定相关的措施和制度不断刺激用户不断产生新的需求，从而增加对于平台的黏性向成熟型用户转化。

（2）成长型用户知识需求形成

成长型用户主要是在行为和任务情景下形成知识需求。用户为了解决学习、生活或工作中遇到问题或完成任务，消除不确定性，在求知欲的刺激作用下产生需求。它们不仅仅需要微信公众平台提供丰富的知识资源，还会产生知识服务方式和渠道等进一步需求。例如科研用户想获取最新的领域前沿资讯、会议招聘等信息，在求知欲望的刺激下形成知识需求进而刺激用户借助微信公众平台去了解和掌握。成长型用户知识需求是亟须解决和满足类型的知识需求，带有目的性和时间性。但是，成长型用户知识需求有时由于受到用户认知和能力等自身因素限制，并不能完全表达和外化，随着用户认知和服务进程开展会逐渐清晰。

（3）成熟型用户知识需求形成

成熟型用户知识需求主要在行为、对话情景下形成。成熟型用户将微信公众平台作为日常娱乐消遣、社交和续期的工具，每天登录平台数次。一方面，用户在每日浏览和使用平台过程中，没有确切的需求和任务，但是在浏览、查阅、分享等行为情境下，在自我好奇、求知等欲望刺激下形成新的知识需求。然而在浏览和偶遇情境下形成的知识需求是暂时性的，能够较为容易地满足和消除。另一方面，用户为了社交和娱乐休闲而产生的知识需求，知识需求形成于互动交流对话过程中，用户在微信公众平台点赞、转发、分享和社群交流过程中，受到启发和影响可能会产生新的知识需求。对话情境下用户知识需求的形成是用户与微信公众平台或其他用户交流互动的结果，具有持续性和动态性的特点。同时，随着对话交流和社交互动活动深入，用户的知识需求会越来越清晰，平台也能够更加清晰和准确地获取用户知识需求。

4.4.2 微信公众平台用户知识需求层次划分

通过梳理和阅读用户信息需求的文献，发现以往的研究中多是以用户信息需求的表达状态划分层级和分类。按照用户需求表达状态，泰勒信息需求理论将用户的需求划分为潜意识的需求、意识的需求、表达出来的需求、折中的需求表达4个层次。著名的信息学家科亨将用户信息需求划分为客观状态的信息需求、主观认识层次的信息需求、表达层次的信息需求3个层级。郭顺利将用户知识需求划分为客观状态知识需求、意识层次知识需求、表达出来的知识需求、折中知识需求、个性化知识需求5个层级。也有学者借鉴马斯洛需求层次理论划分知识需求的层级，例如易明等根据马斯洛的需求层次理论将网络知识社区用户知识需求划分为知识需求、安全需求、社交需求、尊重需求、自我实现需求5种类型。借鉴已有相关研究，本书认为微信公众平台用户知识需求是信息需求的延伸和扩展，是用户在特定情境和环境下形成的特殊需求。随着用户认知提升、情境和任务进度发展，用户知识需求表达越来越清晰，外化程度也越来越高，同时也可能结合自身特征、情境等因素形成个性化知识需求。用户个性化知识需求是用户知识需求的最高层级，也是微信公众平台知识服务满足的终极目标。所以，本书借鉴已有的研究成果，根据用户知识需求的外化和表达程度，将微信公众平台用户知识需求划分为潜在层次知识需求、认知层次知识需求、表达层次知识需求和个性化知识需求4个层级，如图4-3所示。

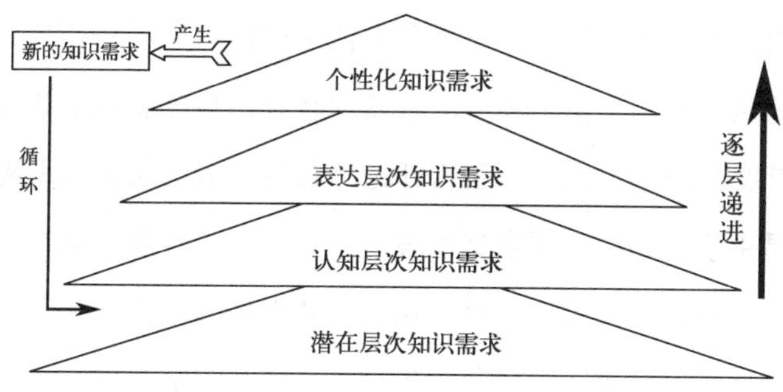

图4-3 微信公众平台用户知识需求层次

（1）潜在层次知识需求

潜在层次知识需求是指微信公众平台用户客观存在，存于用户内部没有表现出来的隐性知识需求，它是不以用户主观认知转移的一类需求，是用户随时随地存在的知识需求。用户在日常学习、工作和生活中经常性由于探索问题、解决实际问题或任务时产生知识需求，产生的知识需求用户可能没有意识到和发现。潜在层次知识需求存在于用户的现实需求之外。由微信公众平台的内外部宏观环境、社会政治、经济发展水平以及用户所处的情景等各类客观条件决定，不受用户的主观意识和自身特性等影响。潜在层次的知识需求部分能够被用户意识和表达外化，但是大部分用户知识需求并不能被意识到或暂时意识不到，但是仍然客观存在，会随着时间或任务驱动逐渐被用户意识和外化。

（2）认知层次知识需求

认知层次知识需求是指微信公众平台用户能够觉察认识到的客观需求，是在用户头脑意识中所表现出心理认知状态的知识需求。它仍然属于潜在隐性知识需求。但是，用户认知层次知识需求由于受到用户自身认知的限制，其对于需求的界定和表达仍然不是很清晰，存在知识需求模糊，仅仅是在意识层面形成了初步的想法和意识。然而，潜在层次知识需求并不能完全被用户认知和意识到，转化为认知层次知识需求，而且也存在受到用户认知、事物表层现象等因素影响导致用户认识到需求存在错误等现象。

（3）表达层次知识需求

表达层次知识需求前期是微信公众平台用户运用文字、符号、音频或视频等方式表达将认知到知识需求表达出来需求状态，具体表现形式为用户检索浏览、关注、社交群内对话交流、留言评论等行为。表达层次知识需求为显性知识需求，但是由于受到用户语言文字表达水平、学科背景、认知以及内外部环境的影响，使得用户不能够完全将认知层次知识需求全部外化和表达，可能仅仅是认知到的部分知识需求。随着用户知识获取和自身认知水平的提高，用户通过与平台其他用户交流互动和浏览获取知识，使得用户知识获悉程度和认知水平不断提高。用户也越来越清晰感知到自己的知识需求，通过不断修正表达方式使得知识需求能够被准确表达。用户表达层次知识需求随着用户认知和知识获悉程度的提高，不断地动态变化，也容易出现新的知识需求，容易受到微信公众平台内外部环境、用户认知和知识质量等因素的影响。

（4）个性化知识需求

个性化知识需求是微信公众平台用户知识需求的最高层级，也是知识服务最终目标。微信公众平台用户种类较多、需求各异，表现出差异化的特征，即使同一问题，不同的用户可能所需的知识资源内容也不尽相同。而个性化知识需求则是符合用户特征、情景任务和行为习惯的独有用户知识需求。它主要通过显式获取和隐式挖掘两种渠道获得，需要通过微信公众平台用户已有的历史浏览记录、可交流互动、提交用户基本信息等进行挖掘和获取。个性化知识需求是微信公众平台创新知识服务模式和提升服务质量最需要了解和掌握的知识需求。

4.5 微信公众平台用户知识需求模型

随着用于传播学术知识的微信公众号不断涌现，微信公众平台成为用户获取知识的重要途径。微信公众平台用户知识需求包含用户对知识资源的需求、对知识服务的需求以及对服务平台系统的需求。本书从知识服务需求角度构建了微信公众平台用户画像，将微信用户分为初期引入参与型、成长型、成熟型3个用户群体，其中初期引入参与型用户重要标签为新奇和新颖、激励措施、免费知识、前沿知识、新兴技术、兴趣主题等，将其映射为用户知识服务需求主要包含知识前沿性需求、知识趣味性需求、资源开放性需求等；成长型用户重要标签为需求明确、知识检索、知识资源数量、高质量知识、服务体验、灵活便捷等，将其映射为用户知识服务需求主要包含知识质量需求、知识数量需求、基础知识服务需求、系统可用性需求和知识系统体验性需求等；成熟型用户重要标签为社交活动、灵活便捷、服务体验、持续使用、点赞评论、资源社交分享等，将其映射为用户知识服务需求主要包含知识交流需求、系统可用性需求、系统可靠性需求、服务多样性需求和系统体验性需求等。根据不同用户群体的用户标签可以发现：初期引入参与型用户的知识需求处于潜在层次和认知层次的知识需求，尚未形成表达层次的知识需求，受环境和其他用户的影响比较大，对知识资源本身较为关注；成长型用户的知识需求基本处于表达层次的知识需求，具有明确的知识需求并能对知识资源进行获取，在关注知识资源的同时对知识服务系统提出一定要求；成熟型用户的知识需求完全达到表达层次并出现一部分个性化知识需求，逐渐达到知识需求的最高层次，在接受基础知识服务的基础上对服务形式提出更高要求。本书基于微信公众平台用户画像，将不同类型用户的需求与知识资源服务内容要素具体组成相对应，形成微信公众平台用户知识需求模型，如图4-4所示。

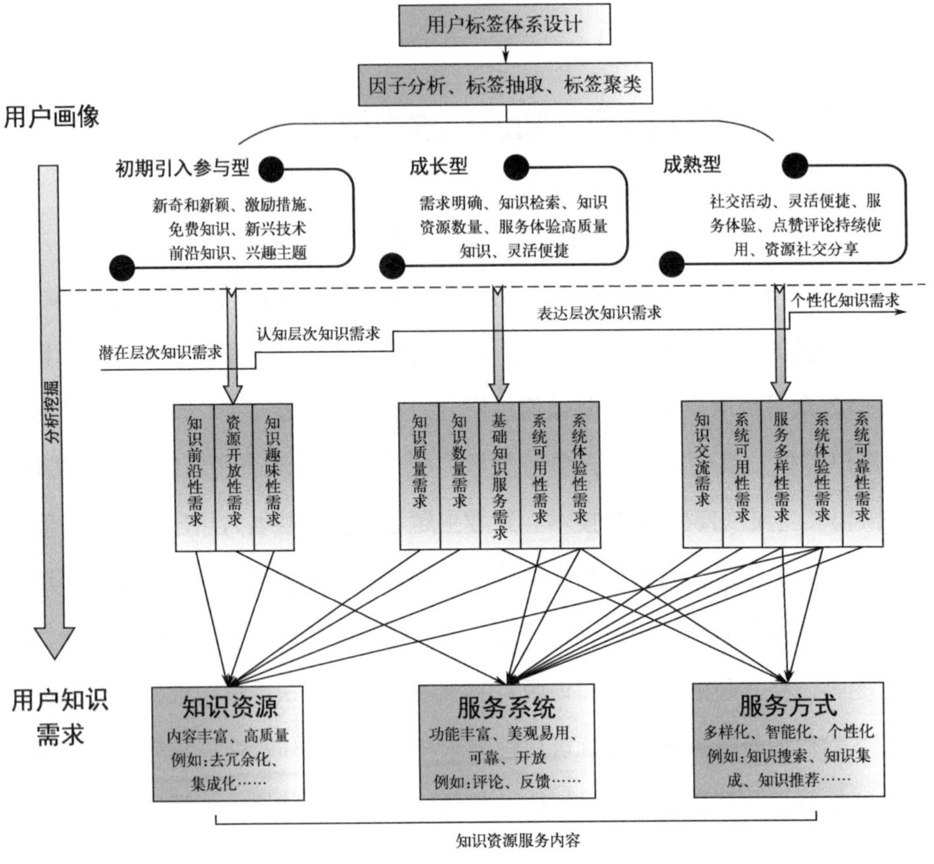

图4-4 微信公众平台用户知识需求模型

微信公众平台知识聚合服务要素中的知识资源服务内容要素是平台最终提供给用户的服务，要素中不仅包含知识资源本身，同时涵盖相关的知识服务方式以及用于实现知识服务的系统。微信公众平台用户知识服务需求即对知识资源服务内容提出的要求，知识资源服务内容应尽可能满足用户知识服务需求。

将不同用户群体的知识服务需求与知识资源、服务系统和服务方式相对应，如图4-4所示，对知识资源的要求主要来自初期引入参与型用户和成长型用户，其中初期引入参与型用户期望丰富的知识资源内容会产生吸引力，而成长型用户更多注重知识资源质量。对服务系统的要求主要来自成长型用户和成熟型用户，其中成长型用户对系统的易用性、可靠性有所要求，以保障顺利获取基本的知识资源，而成熟型用户则在此基础上对系统功能提出了更多要求，以便其在平台上开展社交和知识交流。对服务方式的要求主要来自成长型用户和成熟型用户，其中成长型用户满足于基础的知识检索服务形式，而成熟型用户期望获得更多创新知识服务以满足多元化、个性化知识需求。

目前，微信公众平台知识资源海量庞杂，虽然具备前沿新颖、内容丰富等优势，但其质量参差不齐、冗余化严重。在服务系统与服务方式方面，微信公众平台没有建立独立的知识服务系统，而是由平台直接通过服务，目前提供信息检索服务，然而检索返回的结果是全部篇章中包含检索词的文档，服务形式相对粗制。对比微信公众平台知识服务现状与微信公众平台用户知识需求模型中的用户知识服务需求，现有知识资源服务内容在知识资源、服务系统和服务方式等方面与用户知识需求均存在很大差距，为满足用户知识需求，微信公众平台急需对平台知识资源进行科学组织并开展创新知识服务。

4.6 本章小结

用户知识需求是驱动微信公众平台创新知识服务的动力，也是微信公众平台提供知识聚合服务的基础。本章针对微信公众平台用户画像及需求方面问题展开研究，主要的工作内容和结论如下：

① 提出了基于VALS2的用户画像构建方法并进行实证研究。以人口统计学变量细分为辅，以用户行为细分和VALS2量表分析为主，从宏观层面来对微信公众平台使用者进行分群，进而研究其服务需求和使用行为特征构建用

户画像，同时使用因子分析、聚类分析、判别分析法等多种方法对用户群体画像，采用Python语言中的WordCloud（文字云）包绘制各类用户的心理行为和需求作为标签云展示。用户画像流程及设计思路如图4-1所示。最终将微信公众平台用户划分为初期引入参与型、成长型、成熟型用户3类。

② 微信公众平台用户知识需求分析。分析三类用户群体的基本特征，基于用户标签进行相应的知识服务需求映射。分别分析了初期引入参与型、成长型、成熟型用户3类用户知识需求形成的过程及特征。认为微信公众平台用户知识需求的形成是一个循序渐进的过程，也是用户认知形成的一个动态过程，主要是在行为、任务、对话3种不同的情境形成。将微信公众平台用户知识需求划分为潜在层次知识需求、认知层次知识需求、表达层次知识需求和个性化知识需求4个层级。综合用户群体知识服务需求映射和用户知识需求层次等方面结论，建立微信公众平台用户知识需求模型，为微信公众平台知识资源聚合及知识服务模式构建提供理论基础。

第5章

基于标签聚类的微信公众平台知识推荐服务

目前，微信公众平台每日发布相同领域文章众多，大量的转载和抄袭使很多文章原创性不足，致使平台文档同质化问题严重。随着发文数量的不断增多，微信公众平台用户需要花费大量的时间和精力筛选所需的知识资源，无法快速获取相关知识，降低了用户碎片化时间的阅读效率。另外，当前微信公众平台发布的文章没有直接标注相应的关键词或标签，无法协助用户进行快速导航检索和浏览。因此，如何在成千上万的领域文章中抽取出用户所需要的知识，帮助用户快速有效地发现有价值的知识，实现领域知识资源检索、导航和推荐，成为当前微信公众平台开展知识服务面临的重要问题。本章拟采用从微信公众平台知识资源文本中提取关键词作为文档标签的方式，提出基于标签聚类的微信公众平台知识资源组织聚合的框架思路，并运用标签之间的内在的关联和语义关联关系进行知识资源的导航和推荐，构建微信公众平台知识推荐服务模式。

5.1 微信公众平台文本标签聚类的内涵及作用

5.1.1 微信公众平台文本标签聚类的内涵

标签作为社会化网络中重要部分目前已有广泛应用。标签类似于关键词，能够表达和传递文章的主题思想或者关键知识内容。聚类能够将对象的集合分成多个具有相似对象组成的簇，是一种发现和探索事物内在联系的常用手段，在知识聚合研究中有着广泛应用。微信公众平台文本标签聚类是对平台上发布的海量信息文本的标签聚类，即通过文本挖掘、机器学习等技术实现对海量文本关键知识内容的提炼及关联知识挖掘，最终形成高度集中的知识主题。

文本标签聚类的一般过程是先进行数据采集和预处理，然后进行文本标签生成，最后对生成的标签聚类以获得聚合成果。其中，标签抽取和标签聚类是文本标签聚类的核心步骤。在标签抽取方面，由于微信公众平台功能限制，没有标记完成的文本标签，因此需要从文本中提取关键词生成文本标签。本书以现有研究为基础，提出融合Word2vec和TextRank的微信公众平台文本标签抽取方法。在标签聚类方面，针对微信公众平台发布文档海量纷杂的特点，本书采用适用于大数据集快速聚类的BIRCH聚类算法进行标签聚类。另外，为使微信公众平台文本标签知识专业性更强，在数据预处理和模型训练方面融合领域专业词库，以避免专业词汇切分，更多地保留知识原貌。

5.1.2 微信公众平台文本标签聚类的作用

微信公众平台知识资源包括科普型知识、专业科普型知识、专业发展前沿、专业知识以及学术专题型知识等，其中科普型知识和专业科普型知识受到用户关注较多，然而这两个类型知识点庞杂且广泛分布，用户根据关键词检索很难从平台上精准定位到感兴趣的主题内容。因此，微信公众平台文本标签聚类具有重要作用和意义。

首先，微信公众平台文本标签聚类能够帮助用户快速精准定位到知识需求内容。目前微信公众平台提供的关键词检索服务返回的结果是文档全文中包含了相应关键词的链接，现有知识服务功能基础、内容粗糙，并且由于不能对否定意义的词语进行识别导致服务内容与知识需求相去甚远。同时，科普型知识和专业科普型知识的关键词包含很多常用词汇，所以很多检索到的文档虽然包含检索词，但是文档主要内容与检索词主题无关，给用户带来干扰。微信公众平台文本标签聚类抽取文本关键词作为标签，能够正确、全面地表示文本知识内容主旨，从而实现用户知识需求的精准定位。

其次，微信公众平台文本标签聚类能够帮助用户梳理相关知识主题，呈现关联知识内容，为用户提供个性化、智能化知识服务。微信公众平台文本标签聚类通过对本书标签聚类获得相关领域的知识主题，形成领域内的关联知识体系，以从整体上掌握知识主题关键内容，从细节上挖掘知识单元之间的联系。微信公众平台根据用户感兴趣的知识内容主动呈现相关联的知识内容，方便用户进行由点到面的知识拓展，为用户提供个性化、智能化的知识服务。

另外，微信公众平台文本标签聚类能够为微信公众平台知识组织与服务、智能检索与问答、领域热点追踪和分析、行业咨询等新兴的智能服务与市场分析方向提供强有力的支撑，具有较高的商业价值。例如在微信公众平台上根据用户知识需求个性化推送相关的学术微信公众号、知识付费课程、学术活动资讯等内容，一方面方便用户进行知识拓展，另一方面对微信公众号、付费课程、学术活动以及知识产品等进行商业推广，形成互利共赢的局面。因此，从商业应用角度来看，微信公众平台文本标签聚类及服务具有一定的研究意义和价值。

5.2 基于标签聚类的微信公众平台知识聚合方法

5.2.1 微信公众平台文本标签抽取方法

文本的关键词被认为是能够描述文本主题的一系列词语，它能够反映出文本的主题思想和内含的知识资源内容，帮助用户快速了解文章主题。因而，本书采用抽取文本关键词的方式生成文本标签。微信公众平台文本知识标签自动化生成，即采用相关的方法或工具从微信公众平台发布的文本中提取关键词作为表达文本知识资源或知识主体的标签，以便后续提供知识导航和推荐等服务。

目前，国内外学者针对文本关键词提取开展了大量的研究，从是否需要人工参与标注语料的角度可以分为有监督和无监督两类。其中，有监督方法需要大量的人工参与语料标注，虽然准确率稍微高于无监督方法，但是需要付出较高的代价和成本，且容易出现过度拟合现象，特别是在当前大数据环境下，数据量庞大，人工成本过高，因而实际应用并不广泛。无监督方法的思想是按照一定的方法对候选词语的重要性进行排序，选取排名靠前的词语作为关键词，主要的方法有3种：① 基于词频统计模型。比较经典的方法是TF-IDF方法，根据词频特性、位置、长度等特征进行提取，但是其仅仅考虑了词频特征，忽略了词语之间的关联关系，关键词提取效果不够理想。② 基于主题模型。比较经典的方法有LDA主题模型，该模型通常需要对语料进行大规模训练，抽取的关键词受到训练文档集的主题分布影响较大。③ 基于图模型。基于图模型的方法主要是运用图论和矩阵运算等方法进行关键词抽取，其中以TextRank算法最为经典，针对单文本的关键词抽取效果较好，应用比较简便和广泛。但是，单一地使用任何一种方法进行关键词提取的效果都不够理想，大量的研究表明通过改进和优化组合相关方法可以提高关键词提取的准确率。

5.2.1.1 基于 TextRank 算法的文本标签抽取方法

TextRank算法是一种基于图模型的排序算法，是文本挖掘的常用方法。算法思想是基于谷歌PageRank算法发展而来的，通过把文本分割成若干组成单元（词语、句子）并建立图模型，利用投票机制对文本中的词语或者句子按照重要性进行排序，选取排名靠前的词语或句子进行抽取。该算法完全不需要人工干预，也无须进行大规模的文本语料训练，可以仅利用单篇文档自身的信息实现关键词提取。

在TextRank算法中，设$G(V,E)$是由文本切割词语构成的一个图结构，其中V为词语的集合，E为词与词之间的连接关系集合。对于文本中的任何一个词语V_j，其基于TextRank算法的权值迭代计算公式如下：

$$WS(V_i) = (1-d) + d\sum_{(j,i)\in\varepsilon} V_j \in In(V_i)\frac{w_{ji}}{\sum v_k \in Out(v_j)w_{jk}}WS(v_j) \quad \text{（公式5-1）}$$

式中，WS表示词语的TextRank值；d为阻尼系数，一般取值为0.85；w_{ji}表示词语V_j到词语V_i的连接权重；w_{jk}表示词语V_j到词语V_k的连接权重；词语V_j指向的所有词语的集合为$Out(v_j)$；所有指向V_i的词语集合为$In(V_i)$。

TextRank算法运用（公式5-1），通过迭代运算计算每个词语的权重，最终按照词语的权重进行降序排列，选取排名靠前的N个词语作为关键词，形成关键词集合。该算法简单高效，得到了广泛应用。但是，传统的TextRank算法在进行关键词抽取时使用的节点词语权重初值均等，是节点词语权重均匀转移的无权边模型，无法区分连接关系的强弱。而且，构建词图模型时，词语与词语之间的连接关系利用共现窗口的大小来确定，没有考虑词语之间的上下文关系和关联。因此，国内外学者针对传统的TextRank算法进行改进，以期提高关键词抽取的准确率和效果。一些学者将多种复杂模型与TextRank算法进行融合，解决词语初始均值问题。例如：刘奇飞等在融合Word2vec模型和TextRank算法基础上，对文本词语的初始权重进行修改；顾益军等采用融合LDA模型，利用LDA模型对文档集进行主题建模和计算候选词语的主题影响力，从而初步确定文本词语的初始权重。也有学者综合考虑文档中词语的词性、位置、长度等特征，对TextRank算法生成词图进行加权，提高关键词抽取效果。例如：李航等融合多个特征来改进TextRank算法实现文本关键词抽取；徐立融合词频、词长、词语位置等关键词提取因素，提出候选关键词权重加权公式，提高关键词提取效果和准确率。

通过上述分析发现，传统的TextRank算法存在一定的缺陷，部分学者已经针对其开展了相关的改进研究，并取得了一定的研究成果。通过将文档结构内部或外部信息融入TextRank的计算可以进一步改进关键词提取效果。微信公众号文本知识标签抽取是在包含相关主题的知识文档集合中抽取，需要对多个文档进行处理和分析，抽取的关键词需要代表文档的核心内容和主题信息。

借鉴已有研究成果，本书融合Word2vec模型改进TextRank算法，以提高知识标签抽取效果。改进的方法在保持TextRank均匀跳转的前提下，计算文档中候选词语的初始权重，运用Word2vec模型训练词向量模型重构概率转移矩阵，以提高关键词抽取的准确率和效果。

5.2.1.2 Word2vec词向量模型

在统计语言模型研究背景下，谷歌的Mikolov于2013年提出用于训练词向量的Word2vec模型，它是Word Embedding（词嵌入）的方法之一。Word2vec可以根据给定的语料库，利用训练好的模型快速有效地将一个词语转换成向量表达的形式，为自然语言处理研究提供了新工具。该模型能够将每一个词语映射到相对低维度的向量空间，有效解决传统词语向量表示时的高维度问题。Word2vec模型自发布以来已经被广泛使用在各种文本挖掘任务中，极大地促进了NLP（神经语言程序学）领域的发展。以其为基础进行的各种研究也在逐步开展，为本书提供了理论基础和实践经验。

Word2vec模型有2种训练模式，分别是CBOW模型（连续词袋模型）和Skip-Gram模型（跳词模型），其网络结构如图5-1所示。其中，CBOW模型的原理是借助上下文词语来预测当前词，而Skip-Gram模型的原理则是运用当前词来预测上下文的词语。根据不同训练模式的原理和复杂度，CBOW模型的训练时长要明显低于Skip-Gram模型，而Skip-Gram模型学习的词向量更细致，对于数据量较少或者语料库中有大量低频词时也有较好的表现。微信公众平台知识资源量庞大，且关键词提取多数情况下为文本中的高频词，所以本书选用CBOW模型进行训练。

CBOW模型是通过上下文预测当前词语出现的概率，包含输入层、投影层和输出层3层，如图5-1所示。CBOW模型的输入是特征词的上下文环境，即输入上下文相关词对应的词向量，经过模型计算映射成低维的实数向量，之后通过变换矩阵，输出特征词的词向量。见（公式5-2）。

$$P(W_t|W_{t-k}, \cdots, W_{t-1}, W_{t+1}, \cdots, W_{t+k}) \quad \text{（公式5-2）}$$

式中，W_t表示一个单词，W_{t-k}, …, W_{t-1}, W_{t+1},…, W_{t+k}是其邻居，根据上下文邻居之间的编码向量来预测当前词语W_t出现的概率。

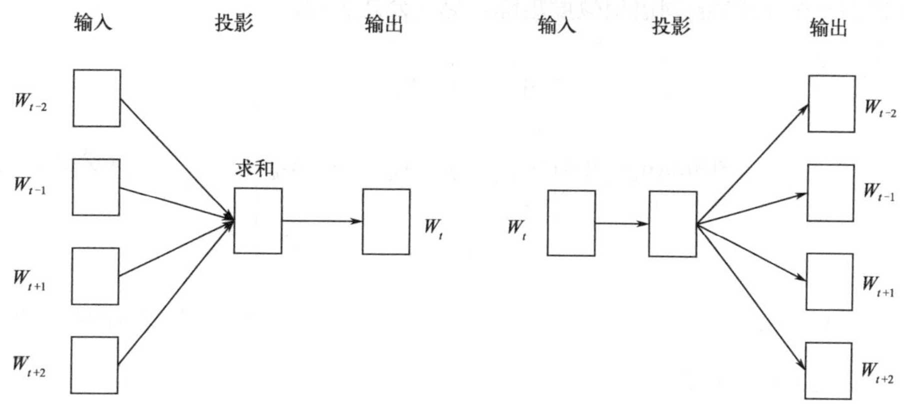

图5-1　CBOW（左）和Skip-Gram（右）模型层次图

5.2.1.3　融合Word2vec和TextRank的文本标签抽取方法

现有的文档知识资源描述关键词抽取问题是将其转换为文档词语重要性排序问题，先根据权重对词语进行排序，之后获取Top$N$个关键词作为文档中知识资源代表。借鉴已有的研究成果，本书中微信公众平台知识资源标签提取思想是利用目前最大的在线开放知识库维基百科进行知识词向量模型训练，再将知识词向量融入TextRank模型中，通过计算词语之间的语义相似度优化TextRank的概率转移矩阵，从而改进代表单文本知识资源内容的关键词抽取效果。微信公众平台知识资源标签的抽取过程如下。

（1）文档集预处理

首先将采集到的文档集利用分词软件进行分词，去除和过滤停用词，同时进行词性标注，保留重要词性词语，例如名词、动词、形容词等，获得词语集S，它们是由N个子词语集组成，每个子词语集是由单篇文档切分组成。然后针对词语集S进行去重，得到词典D，词典D中词语即为候选关键词集合。

（2）Word2vec模型训练及词典相似度矩阵生成

本书选取维基百科作为训练语料库，训练得到Word2vec模型。对词典D

中的每一个词语进行K维词向量表征，然后通过计算余弦相似度得到词典D中的每个词语与其他词语之间的相似度。假如词典D中包括N个词语，则通过训练得到一个$N \times N$的词语相似度矩阵，见（公式5-3）。

$$\boldsymbol{M}[\mathrm{Sim}(w_i w_j)] = \begin{bmatrix} w_{11} & w_{12} & w_{13} & \cdots & w_{1n} \\ w_{21} & w_{22} & w_{23} & \cdots & w_{2n} \\ w_{31} & w_{32} & w_{33} & \cdots & w_{3n} \\ \vdots & & & & \\ w_{n1} & w_{n2} & w_{n3} & \cdots & w_{nn} \end{bmatrix} \qquad \text{（公式5-3）}$$

式中，$\boldsymbol{M}[\mathrm{Sim}(w_i w_j)]$表示词典的相似度矩阵，$w_{ij}$表示词语$i$和$j$的相似度。词语自身之间的相似度用1表示。

（3）关键词图构建

基于TextRank方法进行关键词抽取的重点是进行关键词重要性排序。根据TextRank算法的基本思想，一篇文档可以根据文档内部词语之间的邻接关系构成一个词图。本书将文本句子进行分割，进行分词和词性标注，去除停用词、单字和数字，只保留指定词性的词语，如名词、动词、形容词等。然后选取句子为窗口大小，构建词语之间的共现关系图。构建的词图的节点集为V，所有词语之间的邻接关系构成的边集为E，形成的候选关键词图为$G=(V,E)$，其为有向图，如图5-2所示。而一个关键词节点的重要性在词关系图中取决于有多少个相邻的节点（词语）指向该节点，同时相邻节点的关键词的重要性（权重值）也影响该节点的重要性。在传统的TextRank算法中，每个词语节点的权重默认是1，通过相邻关系迭代计算，更新节点的权重。在计算各个词语节点的权重贡献时以权重均分的形式向相邻的节点传递，并且在后续的迭代过程中同样以权重均分的形式指向相邻节点。图5-2是由6个词语构建的候选关键词图，节点$V=\{V_1, V_2, V_3, V_4, V_5, V_6\}$，默认词语的初始权重为1，权重值平分向其他权重传递，例如节点V_6向其他5个节点均分为0.2，节点V_2仅指向V_6，则传递值为1。

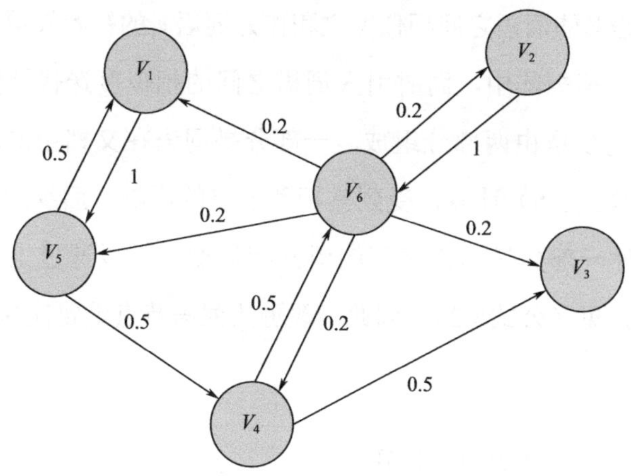

图5-2　候选关键词图示例

根据给定的词图$G=(V,E)$，词语节点权重的计算公式如下：

$$WS(V_i)=(1-d)\frac{1}{|V|}+d\sum_{V_j\in In(V_i)}\frac{w_{ji}}{\sum_{V_k\in Out(V_j)}w_{jk}}WS(V_j) \qquad \text{（公式5-4）}$$

式中，$WS(V_i)$是指词语V_i的权重；$Out(V_j)$是指词语V_j的出度；$In(V_i)$是指词语V_i的入度；w_{ji}是指词语V_j和V_i之间边的连接权重；$d\in(0,1)$是指阻尼系数，一般取值为0.85。

（4）基于Word2vec构建概率转移矩阵

传统的TextRank算法中词语节点的初始权重默认是1，词语节点之间的跳转概率默认是均匀跳转。然而，对于关键词图中词语节点的初始化状态，更为合理的方式不是默认是1，而是把各个节点的相互影响力作为初始状态。因此，本书采用上述训练的Word2vec中词语相似度来量化词语节点之间相互影响力。词语节点初始权重计算公式如下：

$$WS(V_i)=\sum_{j:v_j\to v_i}Sim(V_j,V_i) \qquad \text{（公式5-5）}$$

式中，$WS(V_i)$是词语V_i的初始权重，$Sim(V_j,V_i)$为词语V_j和V_i之间的相似度。

即所有指向词语V_i的词语之间相似度之和作为词语V_i的初始权重。

在改进的转移矩阵中，同时引入词语之间的相似度迭代计算节点词语权重。词语节点的权重由两部分组成。一部分是词语在文档中的本身权重，初始权重通过（公式5-5）计算，受到其相邻节点的影响，后续的迭代后权重记为$WS(V_i)$。另外一部分是词语之间的语义相似度，可以通过上述的Word2vec模型训练得到，见（公式5-3）。因此，改进的词语节点重要性的迭代计算公式如下：

$$WS(V_i)=d\left(\alpha\sum_{In\in V_i}\frac{M[Sim(V_i,V_j)]}{O\left\{M[Sim(V_i,V_j)]\right\}}WS(V_j)+\beta\sum_{In\in V_i}\frac{1}{O(V_j)}WS(V_j)\right)+(1-d)\frac{1}{V}$$

（公式5-6）

式中，d为阻尼系数，通常取0.85；α和β是权重因子，可以根据实际情况进行取值，两者之和为1；$M[Sim(V_i,V_j)]$为两个节点词语之间的相似度；$O(V_j)$表示词语j的出度。从（公式5-6）也可以看出，当不发生迭代时，节点词语概率转移矩阵如下：

$$\boldsymbol{M}[Sim(V_i,V_j)]=\begin{bmatrix} w_{11} & w_{12} & \cdots & w_{1n} \\ w_{21} & w_{22} & \cdots & w_{2n} \\ \vdots & & & \\ w_{n1} & w_{n2} & \cdots & w_{nn} \end{bmatrix}$$

（公式5-7）

式中，w_{ij}表示词语节点V_i的影响力跳转到词语节点V_j的概率，具体表现为相邻词语之间的相似度影响，可以通过（公式5-8）计算。根据上面公式，迭代计算各节点词语的权重，直至收敛。

$$w_{ij}=\alpha\frac{\boldsymbol{M}[Sim(V_i,V_j)]}{O\{\boldsymbol{M}[Sim(V_i,V_j)]\}}+\beta\frac{1}{O(V_j)}$$

（公式5-8）

（5）知识资源标签抽取

根据计算的各个节点词语权重对节点权重进行倒排序，选取权重排序靠前的N个单词作为候选关键词，即文档的知识资源标签。同时，如果提取出的若干关键词在文本中相邻且能组成有完整意义的短语，也可以作为知识资源标签。

5.2.2 BIRCH聚类算法及优化

BIRCH聚类算法是1996年由Tian Zhang提出，全称是利用层次方法的平衡迭代规约和聚类。BIRCH聚类算法利用了一种树结构来实现快速聚类，这个树结构被称为聚类特征树（CF Tree），树上的每一个节点是由若干个聚类特征（CF）组成。BIRCH聚类算法的基本思想是通过扫描数据库建立一个初始存放于内存中的聚类特征树，然后对聚类特征树的叶结点的聚类特征进行聚类。其核心概念包括聚类特征和聚类特征树。

（1）聚类特征（CF）

CF是BIRCH聚类算法的核心，CF树中的节点都是由CF组成。聚类特征CF定义如下：每一个CF是一个三元组，给定N个d维的数据点$\{x_1, x_2, \cdots, x_n\}$，可以用（$N, LS, SS$）表示。其中$N$代表这个CF中拥有的样本点的数量；$LS$代表CF中拥有的样本点各特征维度的向量和，即$N$个节点的线性和；$SS$代表CF中拥有的样本点各特征维度的平方和。

（2）聚类特征树（CF Tree）

CF Tree的结构类似于B+树，它涉及两个参数因子和一个阈值：分支节点平衡因子B限定内部节点包含分支的最大数目，叶节点平衡因子L限定叶子节点包含CF的最大数目，阈值T限定了CF Tree子簇的规模，从而让CF Tree适应当前内存的大小。例如树中每个父节点最多包含B个子节点，记为：（CF_i, $child_i$）。其中$1 \leqslant i \leqslant B$；$CF_i$是这个节点中的第$i$个聚类特征；$child_i$是该节点的第$i$个子节点，对应这个节点的第$i$个聚类特征。一棵高度为3、$B$为6、$L$为5的CF树的例子如图5-3所示。

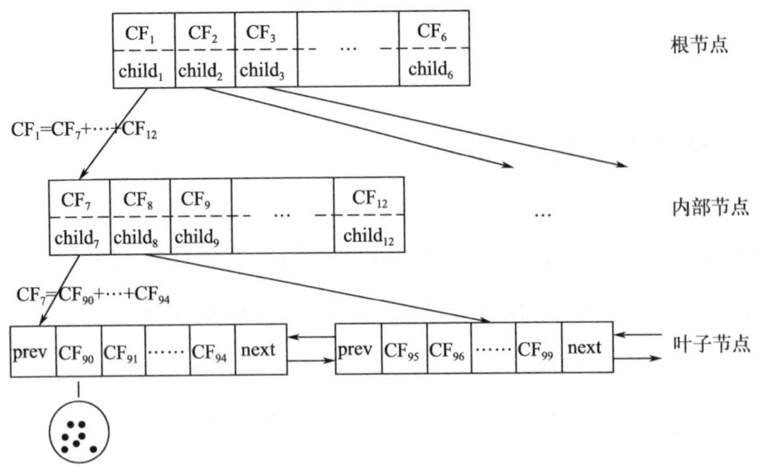

图5-3 聚类特征树结构图

一棵CF Tree是数据集的压缩表示，叶子节点的每一个输入都代表一个簇C，簇C中包含若干个数据点，并且原始数据集中越密集的区域簇C中包含的数据点越多，相应地，数据越稀疏的区域簇C中包含的数据点越少。簇C的直径须小于等于阈值*T*。随着数据点的加入，CF Tree被动态地构建，新数据点被插入过程有点类似于B+树。数据点加入从根节点开始，自上而下选择最近的子节点，其到达叶子节点后，检查最近的元组CF_i能否吸收此数据点，即数据点加入后簇直径是否小于阈值。如果能够吸收，则更新CF值，并将新数据点加入叶子节点对应的簇中，同时更新路径上所有的树节点，完成插入。如果原有节点不能插入数据点，即叶子节点对应的超球体直径大于阈值*T*，则将当前叶子节点划分为两个新叶子节点，选择原叶子节点中所有数据点中距离最远的数据点作为另一个新叶子节点的第一个样本节点。将其他数据点按照距离远近原则放入对应的叶子节点，并依次向上更新父节点数据，查看是否需要分裂，如果需要，其分裂方式与叶子节点分裂方式相同。

BIRCH算法的主要过程就是建立CF Tree。运用所有的训练集样本建立CF Tree，对应的输出就是若干个树节点，每个节点里的数据点就是一个聚类的簇。BIRCH算法不需要预先设定类别数*K*值，比较适合于大规模数据集，在类别数较多的情况下聚类速度快，只需要单遍扫描数据集就能完成聚类，能够节约内存，所有的数据都在磁盘上，CF Tree仅仅存了CF节点和对应的指针。但是在BIRCH算法中，由于CF Tree对每个节点的CF个数有限制，如果新的数据点（CF-new）本来和最近的簇的中心很近，但是当数据点与这个簇合并时却使簇直径超过阈值T，依照算法规定CF-new将单独作为一个簇，导致聚类的结果和现实类别有一定的差别，降低了聚类效果。另外，BIRCH算法的聚类结果受到数据点的插入顺序的影响，本来距离相近的几个点可能由于插入的顺序相差很大而分到不同的簇中，一个点也可能因为插入时间不同被分到不同的簇中。因此，为了优化BIRCH算法，本书在微信公众平台文档知识资源聚类过程中引入全局聚类算法，对已有的CF Tree进行聚类，消除因数据点插入顺序导致的不合理的树结构以及一些因节点CF个数限制导致的树结构分裂，进而得到更好的聚类结果。优化后的BIRCH算法流程如下：

步骤1：将所有的数据依次读入，在内存中建立一个CF Tree，建立的方法参考上述CF Tree的构建过程。

步骤2：提升阈值T重建CF Tree。对第一步建立的CF Tree的节点进行筛选，去除一些异常CF节点，这些节点里面的数据点一般很少。提升阈值T可以对于一些超球体距离非常近的元组进行合并。

步骤3：使用全局/半全局算法优化已有的CF Tree，以得到更好的聚类结果。例如采用K-Means算法对所有的CF元组进行聚类，生成所有CF节点的种子节点。

步骤4：利用第3步生成的CF Tree的所有CF节点的种子节点，对所有的数据点按距离远近进行聚类。保证重复数据分到同一个簇当中，添加簇的标签。通过BIRCH算法对k值、阈值以及分支因子等参数进行进一步调整优化，实现对微信公众平台大规模文档知识资源的聚类分析。

5.2.3 基于改进BIRCH算法的微信公众平台知识资源聚合过程

微信公众平台知识资源聚类是通过一定方法将知识资源划分成多个类别和

簇的过程。利用聚类方法使相同类别和簇内的知识资源具有很高的相似性，不同簇或者类别之间的知识资源相似性较低。本书通过对于知识资源标签的聚类实现知识资源聚类，为后续微信公众平台知识资源导航和索引服务提供准备。

基于BIRCH算法实现微信公众平台知识资源聚类是依据代表文档中知识资源的标签共现情况计算知识标签之间的相似度。相似度较大的知识标签聚集在一起成为一簇。整个知识资源聚合过程分为数据采集和预处理、知识标签生成、CF Tree生成和压缩、种子节点选取和聚类优化、聚类结果可视化等阶段。基于改进BIRCH算法的微信公众平台知识资源聚合过程如图5-4所示。

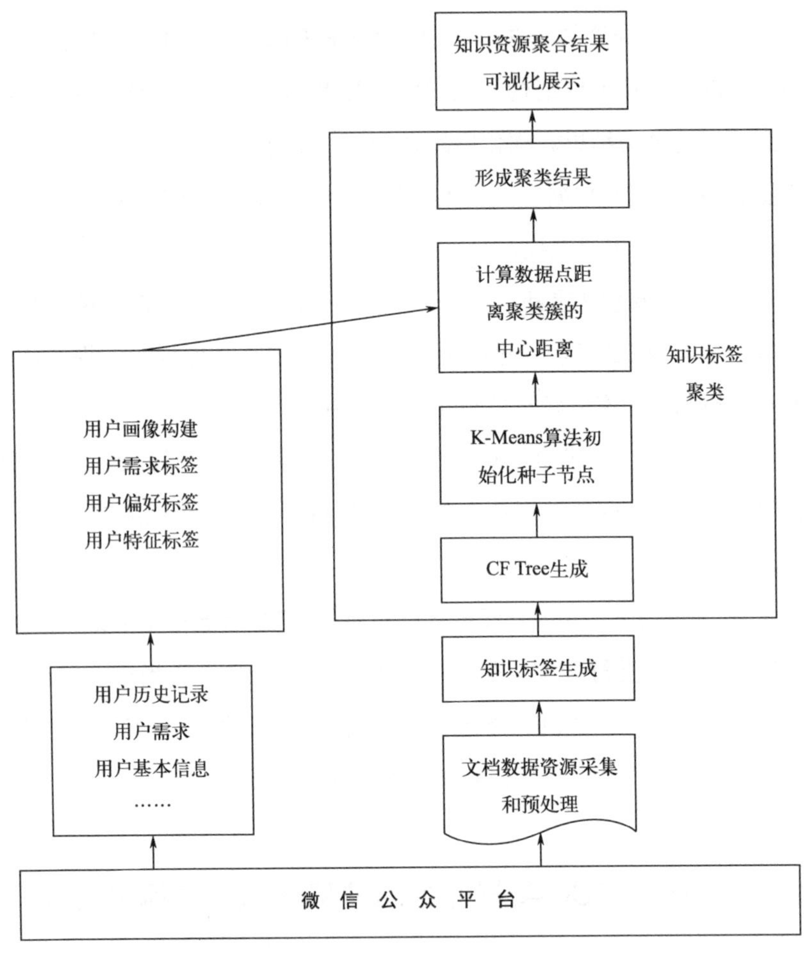

图5-4 基于改进BIRCH算法的微信公众平台知识资源聚合过程

（1）**文档数据资源采集和预处理**

由于微信公众平台没有提供数据接口，无法采用爬虫方式直接采集微信公众号上的相关领域文档，本书采用间接采集的方式。微信公众号为搜狗搜索引擎提供了相关的接口，因此可以设计“爬虫”通过搜狗微信搜索功能间接进行文档数据采集。另外，由于微信公众号上文档质量参差不齐，对形式格式没有严格的限定，因此进行文本清洗和预处理，去除文本中的图片、视频、音频、超链接等冗余信息，形成统一规范的数据集，为后续文档知识资源标签抽取做准备。

（2）**知识标签生成**

微信公众号发表的文档多为平台运营者生成或者转载，没有固定格式和结构，更是没有标注的文档资源标签和索引目录。因此，为了更好地实现知识资源导航和聚合，需要首先抽取关键词语作为知识资源标签和索引标识。运用上述5.2.1小节介绍的融合Word2vec和TextRank算法实现文档知识资源标签的自动化抽取，抽取标签的数量一般在3～10个之间。

（3）**知识标签聚类**

知识标签聚类是所提出知识聚合方法实现过程中最为重要的步骤。本书采用改进的BIRCH算法进行知识资源标签聚类，揭示文本中知识资源之间的关联，发现相关知识主题。为了实现面向用户知识需求的知识资源聚合，在运用BIRCH算法聚类过程中结合用户知识需求特征选取聚类中心点，先运用全局聚类算法K-Means进行聚类分析，寻找初始的聚类种子节点。最后，分别计算其他各个文本中知识资源标签与初始种子节点聚类中心之间的距离，分配非聚类簇知识资源标签数据点到相应的聚类簇中心，从而形成微信公众平台文档知识资源聚类簇，揭示知识资源单元之间的关联关系和归属主题。

（4）**知识资源聚合结果可视化展示**

知识资源聚合结果展示是为了更好地与用户进行交互，为用户提供高质量的知识服务。运用可视化技术将每个聚类簇输出，按照知识资源标签重要程度进行字体大小划分，实现聚类结果的可视化展示和输出。本书选取Python的

WordCloud包生成可视化词云。

本书采用知识资源标签聚类分析方法实现微信公众平台知识资源聚合，通过标签聚类将知识映射到对应的知识主题，实现关联知识主题的聚合，该知识资源聚合结果能够帮助用户通过搜索知识主题获得与主题相关的一系列知识资源，在众多微信公众号发布的文档中高效便捷地找到所需要的知识内容。

5.3 实证研究——以“认知计算”领域为例

本书选取微信公众平台发布的“认知计算”领域的文档作为测试文档集。采用八爪鱼数据采集器作为数据采集软件，通过搜狗搜索这一间接采集的方式采集相关文档资源。截至2019年12月15日，微信公众号共发布“认知计算”相关的文档1800余篇，采集后人工处理剔除文本字数少于100字、广告类、不是原创、重复等文档，剩余796篇有效文档，将这796篇文档作为实验数据集。由于维基百科是世界上最大且最受大众欢迎的参考工具书，拥有最为全面的知识内容，本书采用维基百科作为训练Word2vec模型的语料库。通过官方网站下载的中文维基语料库大小1.89G，运用Python语言中的Gensim包中models模块进行Word2vec的词向量训练，训练得到大小约6.38G的词向量模型。在实践应用中，知识资源数据可直接通过平台数据库调取，训练完成的词向量模型直接存储在平台数据库，知识聚合算法需集成在微信公众平台内部，同时集成到知识聚合结果呈现界面，即知识聚合服务功能界面。

5.3.1 文本知识资源标签抽取

为了更好地对比分析Word2vec+TextRank的关键词提取效果，选取主流的基于TF-IDF模型、基于TextRank模型以及基于主题LDA模型的3种关键词抽取算法来对比评价Word2vec+TextRank的关键词提取效果。使用关键词抽取常用的评价指标准确率P、召回率R以及F值，计算公式如下：

$$P=\frac{|K\cap K2|}{K}\times 100\%$$

$$R=\frac{|K\cap K2|}{|K_2|}\times 100\%$$

$$F=\frac{2\times P\times R}{P+R}\times 100\% \qquad \text{（公式5-9）}$$

式中，K代表抽取到的所有关键词集合，$K2$代表文档集人工标注给定的关键词集合。

（1）基于TF-IDF模型

根据“词频（TF）”和“逆文档频率（IDF）”的相乘值计算词语的TF-IDF值。词语对文章的重要性越高，它的TF-IDF值就越大。所以，抽取排在最前面的词语作为文章的关键词。

（2）基于TextRank模型

基于PageRank算法原理的TextRank方法，利用局部词语之间关系（共现窗口）对关键词重要程度进行排序，抽取重要程度高的词语作为关键词。

（3）基于LDA模型

将候选的关键词根据抽取的主题计算相似度进行排序，得到最终的关键词。

首先开展关键词提取效果实例分析，验证本书提取方法的有效性和可行性。随机选取测试集中1篇文档——Test1。各类方法关键词抽取结果如表5-1所示。

Test1：阿尔法狗赢了之后，最近关于人工智能的文章铺天盖地，颇有当年纳米材料的风范，但是其中有多少人是真明白，有多少人是跟风，有多少人纯粹是为了炒作，不得而知。曾经在人工智能方面，我也是下过一段时间的苦功夫，但是因为近两年在这方面钻研不够，所以不敢跟风妄谈，只敢瞎谈，纯属作为对自己在这方面的一些想法的记录，欢迎批评指正，不可作为参照。阿尔法狗这件事情之后，关注人工智能，才发现了“认知计算”这个概念。个人感觉，目前从网络上收集的资料来看，尤其是国内的资料，这个概念离不开IBM以及IBM的“Watson”，并且绝大多数情况下是和这两个标签捆绑在一起出现的。而在“智库百科”中，关于认知计算的描述如下：“认知计算源自模拟人脑的计算机系统的人工智能，20世纪90年代后，研究人员开始用认知计算一词，以表明该学科用于教计算机像人脑一样思考，而不只是开发一种人工系统。传统的计算技术是定量的，并着重于精度和序列等级，而认知计算则试图解决生物系统中的不精确、不确定和部分真实的问题，以实现不同程度的感知、记忆、学习、语言、思维和问题解决等过程。目前随着科学技术的发展以及大数据时代的到来，如何实现类似人脑的认知与判断，发现新的关联和模式，从而做出正确的决策，显得尤为重要，这给认知计算技术的发展带来了新的机遇和挑战。”资料收集到这里，其实就知道认知计算本身不是IBM提出的，只是IBM和他的Watson目前宣传认知计算比较多而已。在2016年3月份的《哈佛商业评论中文版》中，也有好几篇文章是关于“认知计算”的，但是通篇都充斥着IBM和Watson，显然已经把认知计算这个事情牢牢绑定在了IBM身上。但是一个正常的概念，不应该依附于一个具体的表现形式。具体的表现形式是概念的一个鲜活的例子，也只应该是一个鲜活的例子，而不能代表全部。就像阿尔法狗代表不了人工智能，微软代表不了操作系统一样。从我个人的毫无根据的揣测来看，目前的认知计算应该是更靠近大数据分析的一种人工智能形式，离不开人工智能，也离不开大数据。它离类脑的认知还有不小的一段距离，毕竟从生物圈子来说，人脑已经基本上是最复杂的系统了，没那么容易模拟。阿尔法狗赢了围棋，也只是赢了围棋，离终结者还很远，少安毋躁，安心当下。

表5-1 关键词抽取结果

方法	关键词Top5	关键词Top10	准确率Top5	准确率Top10
人工标注	认知计算、概念、人工智能、IBM、人脑	认知计算、概念、人工智能、IBM、人脑、系统、阿尔法狗、认知、计算、资料		
基于TF-IDF模型	认知计算、人工智能、离不开、概念、人脑	认知计算、人工智能、离不开、概念、人脑、代表、跟风、鲜活、表现形式、资料	80%	50%
基于TextRank模型	认知计算、人工智能、人脑、生物、这方面	认知计算、人工智能、人脑、生物、这方面、跟风、大数据、离不开、计算、发现	60%	40%
基于LDA模型	认知计算、系统、学习、大数据、类似	认知计算、系统、学习、大数据、类似、认知、计算、一个、数据、技术	20%	40%
基于Word2vec+TextRank模型	认知计算、人工智能、概念、人脑、系统	认知计算、人工智能、概念、人脑、系统、分析、认知、判断、定量、标签	80%	60%

从表5-1可以看出，本书设计的Word2vec+TextRank模型方法去除掉了“这方面”“离不开”“跟风”等实际意义不是很大的词语。当抽取5个关键词时，基于TF-IDF模型和基于Word2vec+TextRank模型的方法的准确率达到了80%，表现出较高的准确率。随着抽取关键词数量增加到10个，基于Word2vec+TextRank模型依然具有60%的较高准确率。说明本书选取的基于Word2vec+TextRank模型方法具备有效性和合理性，可以应用于微信公众平台文档知识标签抽取。

为了进一步证明本书采用标签抽取方法的性能，选取80篇文档作为测试文档集，每篇文档根据实际内容人工标注3～10个标签。使用关键词抽取常用的评价指标准确率P、召回率R以及F值来评价抽取性能。运用人工标注的方法确定关键词集合$K2$，计算结果见表5-2。从表5-2可以看出，基于TF-IDF模型方法的关键词提取随着抽取关键词数量的增多，准确率呈现下降趋势，受到关键词个数影响较大；相反，基于TextRank模型方法的关键词抽取随着关键词数量的增多，准确率和召回率呈现上升趋势，当抽取10个关键词时，其效果优于基于TF-IDF模型的方法和基于LDA模型的方法。然而，基于Word2vec+TextRank模型方法的关键词抽取方法，在准确率P、召回率R以及F值方面均优于其他算法。因此，说明本书提出的基于Word2vec+TextRank模型方法与传统的关键词提取算法相比在效果和稳定性上都具有明显优势，进一步证明了本书提出方法的有效性和合理性。

表5-2 4种方法的性能评价结果

关键词个数 Top*N*	方法	*P*	*R*	*F*
N=5	基于TF-IDF模型	0.4925	0.3283	0.394
	基于TextRank模型	0.42	0.28	0.336
	基于LDA模型	0.312	0.195	0.24
	基于Word2vec+TextRank模型	0.545	0.3633	0.436
N=10	基于TF-IDF模型	0.4525	0.6033	0.5171
	基于TextRank模型	0.4663	0.6216	0.5329
	基于LDA模型	0.2988	0.3750	0.3326
	基于Word2vec+TextRank模型	0.6875	0.9167	0.7857

5.3.2 基于标签聚类的微信公众平台知识资源聚合

为验证本书提出的基于标签聚类的微信公众平台知识聚合方法的可行性和有效性，选取微信公众平台“认知计算”领域的796篇文档内容作为实验数据集，具体的操作步骤和过程如下。

（1）数据预处理和分词

数据预处理主要是去除文章内容中的空格、图片、超链接等，形成规范化的数据，为后续的知识聚合提供质量保证。采用Python中Jieba分词包实现文档分词。为了保障分词结果的效果，结合搜狗词库中“计算机”“机器学习”“认知计算”等领域的词语创建了自定义词典，更新Jieba库中的词典；同时更新了去除停用词文档，实现降噪处理。

（2）文档标签抽取生成，生成形成文档——关键词矩阵

运用上述介绍的Word2vec+TextRank方法实现文档关键词标签抽取，每篇文档抽取10个关键词。在运用（公式5-6）和（公式5-7）时，d为阻尼系数，取0.85，α和β是权重因子，分别取0.7和0.3。依据计算的词语权重对文章中的关键词进行排序，选取权重排序靠前的10个。文档集中部分文档内容的关键词抽取结果如图5-5所示。依据每篇文章抽取的关键词集合以及标签的权重，形成文档—标签关键词共现矩阵$\boldsymbol{M}_{796\times1301}$，总计抽取不重复关键词数量为1301个。

1	No.	关键词
2	1	认知计算 交互 语音 学习 深度学习 技术 引进 序列 解决 深度
3	2	认知计算 人工智能 人脑 离不开 大数据 生物 系统 解决 商业 资料
4	3	计算 数据 边缘 服务 解决 网络 认知计算 服务器 提供 用户
5	4	深度学习 认知计算 机器学习 数据 神经网络 人工智能 人类 专家 分类器
6	5	人类 认知计算 人工智能 能力 决策 提供 领域 机器 技术 学习
7	6	分表 主键 信息 数据库 语句 用户 水平 查询 字段 数据
8	7	服务器 拥塞 收到 传输 客户端 网络 确认 数据 信息 信号
9	8	实例 计算 标准 级别 计费 配置 应用程序 套餐 自动 功能
10	9	计算 四边形 面积 向量 公式 标注 目标 评价 模型 判断
11	10	梯度 训练 参数 网络 函数 隐藏 输入 运算 模型 形式
12	11	认知计算 数据 技术 认知 分析 包括 学习 解决方案 理解 能力
13	12	认知计算 人类 用户 信息 应用程序 数据 功能 软件 世界 想要

图5-5　部分文档内容的关键词抽取结果

（3）知识资源标签聚类分析

在采用改进的BIRCH算法进行知识聚类时，首先结合用户的需求特征选取初始聚类中心点，运用全局聚类算法K-Means先进行聚类，寻找初始的聚类种子节点，并生成所有CF节点的种子节点。然后利用CF Tree的所有CF节点的种子节点，对所有的数据点按距离远近进行聚类。保证重复数据分到同一个簇当中，添加簇的标签。利用Python的Sklearn包cluster模块中导入BIRCH函

数实现其功能，参数设置为threshold=0.5，n_clusters=4，branching_factor=50，其他为默认设置。通过BIRCH算法对k值、阈值以及分支因子等参数进行进一步调整优化，发现当聚类为4类时聚类结果较为合理。通过实现对微信公众平台大规模文档知识资源聚类分析，形成微信公众平台文档知识资源聚类簇。运用Python的WordCloud包生成词云进行可视化展示，知识资源标签字体大小按照其重要程度进行区分，重要程度越大，知识资源标签字体越大，如图5-6所示。

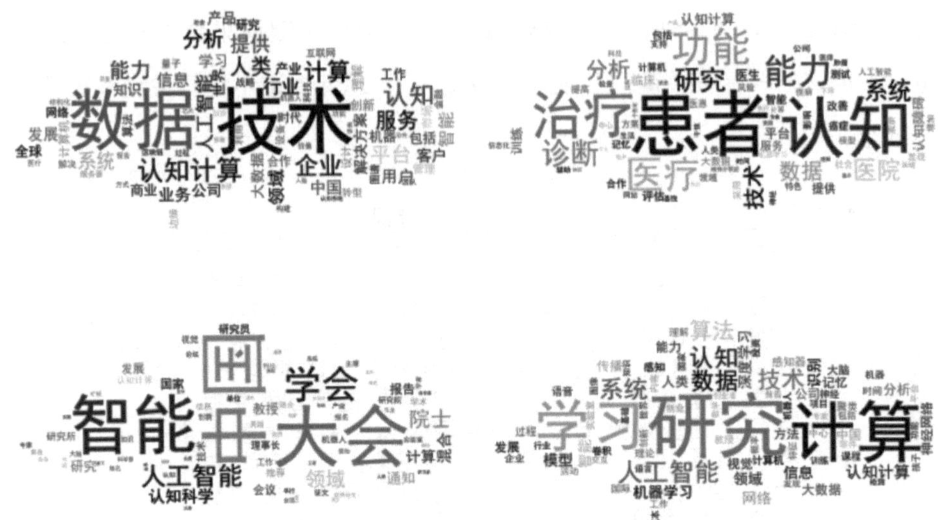

图5-6　基于改进BIRCH算法的聚类结果

为了对比分析本书改进的BIRCH算法的可行性和效果，本书分别采用基于K-Means算法、基于Spectral Clustering算法和基于BIRCH算法进行对比分析，分别如图5-7、图5-8、图5-9所示。

从图5-6、图5-7、图5-8、图5-9对比分析可以发现，本书提出的基于改进BIRCH算法的聚类结果聚为4类时，聚类主题分布较为合理，各个类之间的区分度较为明显，类簇大小的差距较小，其聚合效果要优于基于K-Means算法、基于Spectral Clustering算法和基于BIRCH算法的效果。

图5-7　基于K-Means算法的聚类结果

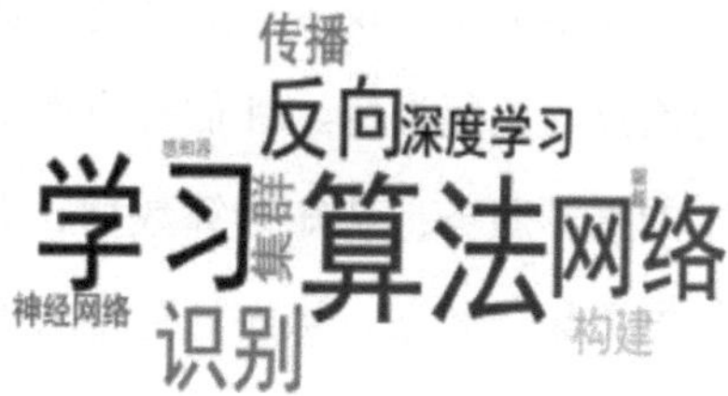

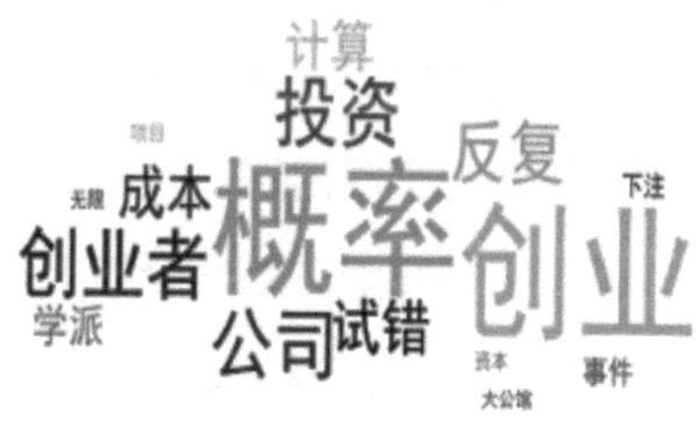

图5-8　基于Spectral Clustering算法的聚类结果

图5-9　基于BIRCH算法的聚类结果

从图5-6中可以看出，微信公众平台“认知计算”领域的相关主题包括认知计算数据、算法和技术领域，认知障碍与医疗，认知计算研究领域，认知计算相关学会和会议。认知障碍与医疗知识主题标签中，可以发现认知功能患者的治疗、康复训练、评估等方面知识，从而实现相关知识单元以及相似主题文本的推荐服务；认知计算数据、算法和技术主题领域可以发现认知计算的认知数据采集与获取、认知计算相关的深度学习、人工智能、神经网络技术方法等方面的知识资源；认知计算研究领域可以发现认知计算研究设计的认知计算系统、认知数据、人类认知、认知计算技术等多个研究方向之间的关联；认知计算相关学会和会议主题中，可以进一步发现中国认知计算方面的学会、会议通知、会议主题内容、各类专家学者的报告和观点，以及认知计算方面发布的研究报告等知识资源内容。

基于上述知识主题聚合结果，可以进一步发现相关的知识以及知识之间的关联关系，运用知识关联关系进行知识推荐和导航服务，从而证实本书提出的知识聚合服务具有一定的可行性和有效性。首先，知识标签聚类结果能够帮助用户快捷地发现和了解微信公众平台发布的“认知计算”领域知识主题，协助用户查找与知识主题相关的知识内容，推荐相似的知识主题，从而实现知识主题推荐服务。其次，微信公众平台可以运用知识标签辅助用户进行知识资源检索，协助用户进行知识资源检索推荐和定位，帮助用户快速查找到相关知识单元内容，从而实现知识检索推荐服务。同时，微信公众平台也可以根据知识主题中知识标签之间的关联关系，揭示知识资源内容之间的关联关系，从而运用知识资源之间的关联关系进行知识推荐服务。最后，本书提出的基于改进的BIRCH算法的知识聚合方法能够实现面向用户知识需求的知识资源内容聚合，选取符合用户知识需求和特征的初始的聚类中心，从而为用户形成个性化的知识主题聚类簇，实现个性化的知识服务。

5.4 基于标签聚类的微信公众平台知识推荐服务模式

5.4.1 微信公众平台知识推荐服务概述

知识推荐服务是利用新技术或手段从知识资源库中挖掘和选择合适的知识，主动地推送相关知识及知识之间关联的服务方式，其能够满足用户个性化知识需求，延伸知识服务的价值和外延。知识推荐服务综合考虑用户的兴趣爱好、知识需求等因素，使用户能够快速地获取和查找相关的知识资源，提高知识资源检索效率，是大数据环境下最主流的知识服务模式之一。移动互联网环境下用户知识需求发生了很大变化，随着微信公众平台的微信公众号和文档数量激增，用户期望平台能够解决信息过载问题，满足自身个性化的知识或信息需求。微信公众平台需要寻找一种创新的知识服务模式来重新序化和组织平台生成的文档知识资源，协助用户查找、检索并向用户推荐知识。经调研发现，当前微信公众平台主要采用目录形式进行知识导航，根据微信公众号更新顺序、观看热点等进行知识资源推荐，没有实现标签化索引和导航，更是没有实现面向用户知识需求的个性化智能推荐服务。然而，文档知识资源标签能够代表文档知识主题含义，也能够实现知识资源索引和导航，运用知识标签之间的关联关系可以实现知识资源推荐，这为微信公众平台知识资源聚合及服务提供了新的视角和思路。

基于知识聚合的微信公众平台知识资源推荐服务本质上是微信公众平台为满足用户个性化知识需求，运用文本挖掘等知识聚合方法或技术从微信公众平台文档知识资源中挖掘知识之间的关联，并组织和序化知识、推送相关知识资源给用户的服务方式。它是一种高增值性、智能化和个性化的知识服务模式。微信公众平台通过跨平台知识资源聚合、组织和序化，面向用户知识需求提供知识推荐服务，能够优化和改进微信公众平台知识服务质量和水平，提高用户使用的满意度和体验。同时，微信公众平台对于知识资源关联挖掘和发现，可以进一步发现和创造新知识，提高知识的利用效率和效益。

5.4.2 基于标签聚类的微信公众平台知识推荐服务要素分析

知识推荐服务实现主要依赖知识服务提供者、知识服务接受者、知识资源内容、知识服务环境等要素的相互作用。本书认为基于知识聚合开展知识推荐服务过程中的知识聚合技术、服务平台构建技术和推荐技术等也是重要的组成要素，因此，将基于知识聚合的微信公众平台知识推荐服务的构成要素划分为知识推荐服务参与者、知识推荐服务内容、知识推荐服务环境、知识推荐服务技术4个维度，如图5-10所示。

（1）知识推荐服务参与者

知识推荐服务参与者包括知识推荐服务提供者和知识推荐服务接受者。知识推荐服务提供者是指微信公众平台运营者和服务人员，负责平台知识资源的选取、序化、组织和推送，同时也承担平台知识资源挖掘和组织、推荐等技术开发和支持。从专业角度看，要求知识推荐服务提供者具有新媒体运营、媒介传播方面的经验，同时也要求服务提供者具备知识服务的素养和实践经验。知

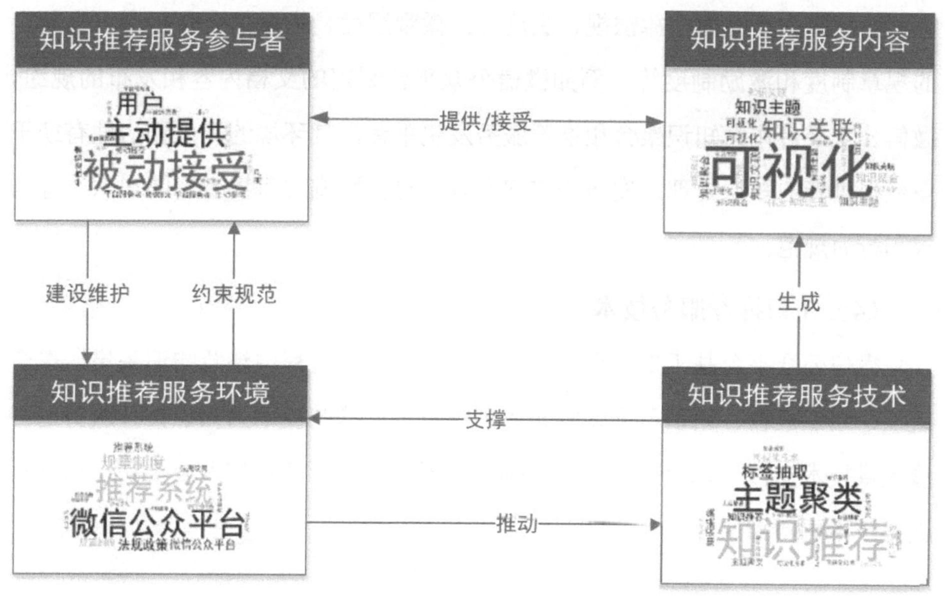

图5-10　基于标签聚类的微信公众平台知识推荐服务要素

识推荐服务接受者主要是指利用微信公众平台获取知识的用户，用户知识需求是微信公众平台开展知识推荐服务的主要驱动力，呈现出多元化、个性化的特点。知识推荐服务提供者依据接受者的需求开展知识推荐服务，根据接受者的反馈不断改善知识推荐服务方式和策略，两者之间相互促进、相互作用，实现双赢局面。

（2）知识推荐服务内容

知识推荐服务内容不仅包括传递和推荐给用户知识聚合资源成果，还包括知识推荐服务过程中采用的知识推荐服务方式的选择、服务平台和渠道、知识聚合成果呈现方式等一系列内容。知识聚合内容质量的优劣直接影响知识推荐服务的水平，从而影响用户体验和满意度。因此，知识聚合服务内容是基于知识聚合的微信公众平台知识推荐服务实现的关键部分。

（3）知识推荐服务环境

知识推荐服务环境是基于知识聚合的微信公众平台知识推荐服务发生的“时空场所”以及服务过程中的保障制度和策略。宏观层面上，包括国家、社会层面制定的互联网法律法规、制度等；微观层面是指微信公众平台自身制定的规章制度和激励制度等。例如微信公众平台制定的文档内容和发布的规约。微信公众平台作为知识聚合和推荐服务发生平台，其环境的规范和治理有助于规范提供者的知识处理、发布和传递方式，也会影响服务接受者的知识资源需求和行为规范。

（4）知识推荐服务技术

微信公众平台基于知识聚合开展知识推荐服务过程中涉及知识采集、聚合组织、知识推荐、知识可视化等一系列的技术，这些技术为知识推荐服务的开展提供技术支撑。现有的大数据挖掘、机器学习等新技术的发展推动知识推荐服务技术更新和迭代。

5.4.3 基于标签聚类的微信公众平台知识推荐服务模式构建

基于标签聚类的微信公众平台知识推荐服务使微信公众平台作为知识服务的提供者能够最大限度地发挥平台知识资源的价值。在平台已有文档知识资源基础上，整合平台知识资源和用户知识需求，通过构建基于知识聚合的微信公众平台知识服务平台，将符合用户个性化需求、强关联性的知识资源以恰当的方式推荐给用户，以满足用户知识需求，提供决策参考。

基于知识聚合的微信公众平台知识推荐服务区别于传统的知识推荐服务模式，不是简单地按照知识关注热度和用户兴趣、偏好习惯等进行知识推荐，而是面向用户知识需求挖掘和揭示文档中知识资源单元之间的关联关系，以及知识单元标签之间语义关联形成聚合知识成果，并运用可视化技术展示推送给用户。微信公众平台在基于知识聚合开展知识推荐服务的过程中不仅进行知识资源内容推荐，同时为用户推荐知识资源发布的微信公众平台和领域原创专家学者，这体现了微信公众平台的社交性，有效地促进微信公众平台知识的交流和利用。借鉴已有的研究成果，深入分析用户画像和知识聚合在微信公众平台知识推荐服务应用的可行性，基于面向用户知识需求的微信公众平台知识聚合服务体系框架提出了基于标签聚类的微信公众平台知识推荐服务模式，如图5-11所示。

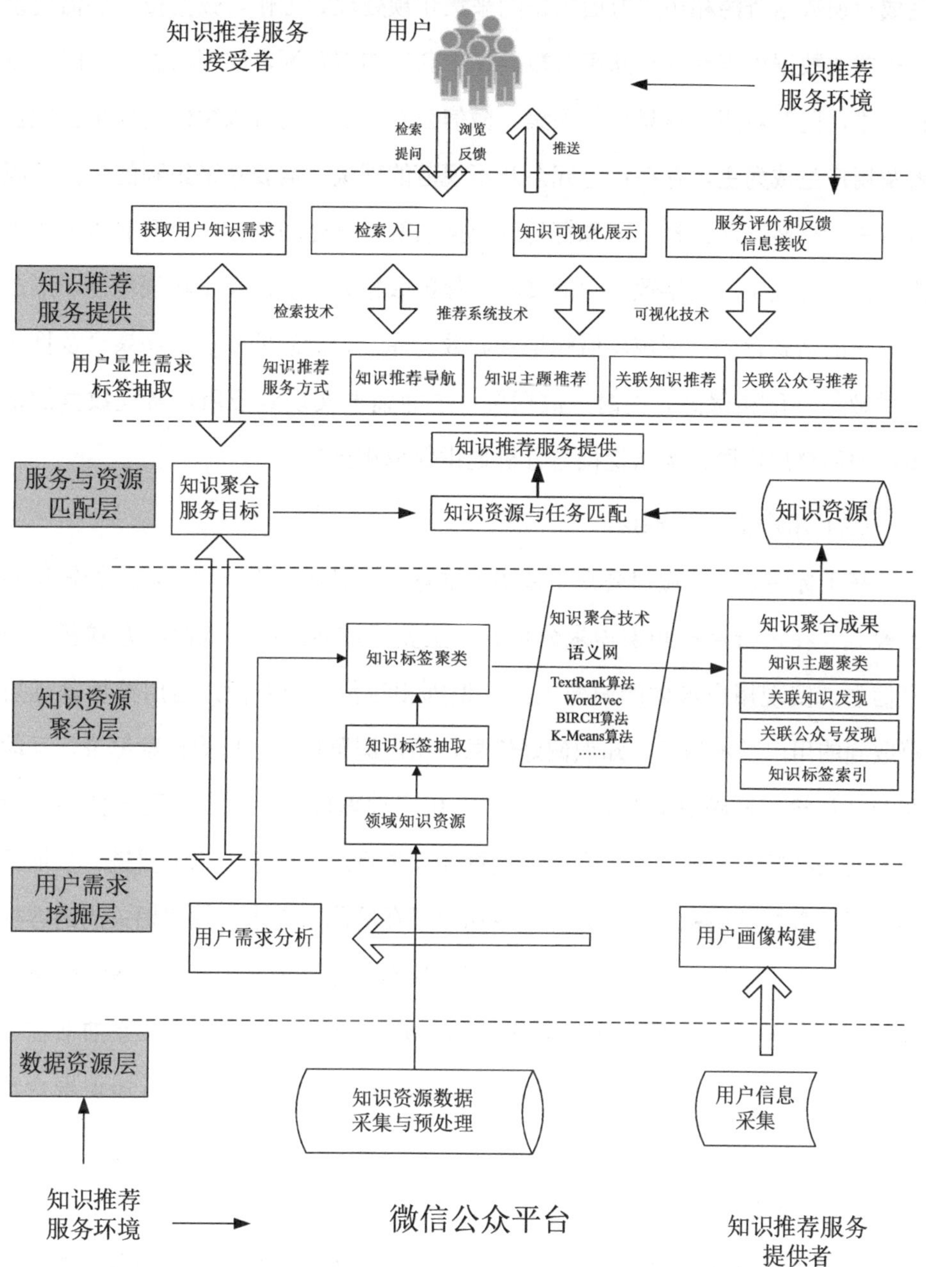

图5-11 基于标签聚类的微信公众平台知识推荐服务模式

（1）数据资源层

数据资源层是基于知识聚合的微信公众平台知识推荐服务的基础层，主要完成知识数据资源和用户方面数据的采集和预处理等工作。数据资源层需要设计相关的数据库查询语句从平台数据库中获取知识资源，实现数据的及时获取和采集，同时对用户信息进行采集。微信公众平台的内容以微信公众平台运营者及用户生成为主，存在信息冗余及不规范的现象，需要对采集到的数据资源进行去除空格、超链接、特殊符号等数据清洗和预处理操作，也同时需要删除广告、虚假冗余以及字数较少的文档，保障收集数据的高质量和规范性，形成规范化的格式存储，形成领域知识资源数据库，为后续的知识资源聚合及推荐提供数据基础和保障。同时，数据资源层也需要实现对于用户特征数据的采集，为后续用户隐性需求挖掘与分析提供保障和支持。

（2）用户需求挖掘层

基于标签聚类的微信公众平台知识推荐服务是面向用户知识需求的知识服务模式。在进行用户知识需求分析时，主要通过显式和隐式两种方式获取用户信息，实现用户群体的画像构建、识别和定位。一方面，运用数据基础层获取到的用户基本信息、知识偏好信息、用户浏览日志、历史检索记录、互动交流（评论、发帖等）等数据，另外，用户地理位置、情景以及手持终端设备、网络状况等物理信息也会影响后续知识推荐服务效果，也需要进一步地采集。运用数据挖掘和分析的方法提取用户潜在的隐式需求，抽取相关的内容标签形成知识需求标签。另一方面，在用户检索、提问等显式表达需求中分析与获取用户知识需求。用户知识需求挖掘与分析结果在文档知识标签抽取过程中可以形成用户个性化知识资源需求标签，对用户需求内容进行知识聚合及推荐。

（3）知识资源聚合层

该阶段是基于知识聚合的微信公众平台知识推荐服务的关键阶段。知识标签抽取与关联知识聚合主要是面向用户知识需求，充分利用关键词标签对复杂知识进行表达并揭示标签之间的关联关系，实现知识资源的有效组织与聚合。由于微信公众平台关于某一领域知识的文档数量较多，无法采用人工方式进行知识标签抽取，运用图论思想，采用上述的融合Word2vec和TextRank算法进行知识标签自动化抽取。知识标签抽取过程中可以面向用户知识需求抽取个性化知识标签，为后续的知识导航推荐服务奠定基础。关联知识聚合过程需要综合运用语义网、聚类、知识抽取和组织等关键技术，结合用户知识服务需求，运用改进的BIRCH算法进行知识标签聚类，形成知识主题类别，揭示关联知识之间的关系，达到知识资源聚合目的。基于知识标签的知识资源聚合可以生成一系列的知识聚合成果，例如关联知识发现、相关知识主题聚类、知识标签索引导航建立等。

（4）服务与资源匹配层

知识推荐服务与资源匹配阶段即知识推荐服务准备阶段，该阶段主要完成知识推荐资源内容的组织、匹配与管理等。知识推荐服务需要依据用户知识服务需求设计知识推荐服务渠道和方式，匹配相关的知识服务资源以及服务体系等。知识推荐服务体系主要包括知识推荐服务运行过程中的保障体系、协同体系、运行机制等。知识推荐算法为知识推荐服务提供技术支持，保障推荐服务的精准化和智能化。同时，基于知识聚合结果可以对于知识内容进行有效的分类、组织、聚合、存储等，实现知识资源内容高效利用和序化组织。

（5）知识推荐服务提供

知识推荐服务提供是微信公众平台与用户的服务交互和服务功能实现阶段。该阶段综合运用过滤技术、可视化技术、语义识别等技术实现知识资源推荐并进行可视化展示。用户可以通过检索、提问等方式表达知识需求，同时也可以评价和反馈知识推荐服务的效果和用户体验。知识推荐服务基于标签聚类知识聚合结果，主要向用户提供如下服务：

① 关联知识检索推荐服务。关联知识检索推荐服务是微信公众平台综合运用抽取生成的文档知识资源标签及知识标签之间关联关系来开展的服务。

通过建立知识标签与文档资源中知识内容之间的连接关系，运用标签导航和索引协助用户查找关联知识资源，实现了基于知识单元的索引、快速定位和查找获取，提高知识搜寻和检索效率，解决知识迷航等问题。② 关联知识主题发现和推荐服务。微信公众平台利用文档知识标签聚类分析和社会网络分析结果，从文档资源中发现存在的知识主题以及主题之间的关联关系，从而将与用户需求知识主题相关的知识资源和内容推送给用户。③ 关联知识资源推送服务。微信公众平台为用户构建知识的关联关系模型，通过知识标签之间的关联关系推测用户可能感兴趣的知识资源内容，进而采用推荐算法开展知识服务。例如RSS订阅推送、浏览兴趣相似知识推送等。④ 关联微信公众号推荐服务。微信公众平台用户采用关注方式浏览相关的知识资源，对于某一领域知识资源进行聚合有助于发现其他相同主题的微信公众号。可以通过微信公众号之间的相似度向用户推荐相关主题的微信公众号，扩大用户的知识获取范围，同时也可以向用户推荐相关领域优秀的知识原创作者，实现用户与原创作者之间更好的交流互动。

5.5 本章小结

为了满足用户知识需求，实现微信公众平台知识资源聚合及知识服务模式创新，本章针对微信公众平台知识资源标签抽取方法、知识资源聚合方法、基于微信公众平台知识聚合的知识服务等关键问题开展研究，主要的工作内容和结论如下：

① 介绍了微信公众平台文本标签聚类的概念及意义，认为微信公众平台文本标签聚类是对平台上发布的海量信息文本的标签聚类，即通过文本挖掘、机器学习等技术实现对海量文本关键知识内容的提炼及关联知识挖掘，最终形成高度集中的知识主题。微信公众平台通过文本标签聚类能够帮助用户快速精准定位到知识需求内容，帮助用户梳理相关知识主题，呈现关联知识内容，为

用户提供个性化、智能化知识服务。同时，微信公众平台通过对知识相关的公众号、知识产品、学术活动等进行商业推广，创造商业价值。

② 提出了融合Word2vec和TextRank算法的微信公众平台知识资源标签抽取方法，将关键词作为标签表达和传递知识资源内容的主题思想或者关键知识资源内容。提出了基于改进的BIRCH算法的微信公众平台知识资源聚合方法，在改进的过程中融合K-Means算法初选聚类中心，优化聚类结果，同时在初选聚类中心时考虑用户知识需求及特征。

③ 采集微信公众平台"认知计算"领域的数据作为实验数据集，验证本书提出的聚合方法和服务模式的有效性和合理性。验证分析发现本书研究出的融合Word2vec和TextRank算法的标签生成方法优于传统的标签生成方法，基于改进的BIRCH算法的聚类主题分布较为合理，各个类之间的区分度较为明显，类簇大小的差距较小，其效果要优于基于K-Means算法、基于Spectral Clustering算法和基于BIRCH算法的效果。进一步可以通过知识聚合结果发现相关的知识以及知识之间的关联关系，运用知识关联关系进行知识推荐服务，从而证实本书提出的知识聚合推荐服务也具有一定的可行性和有效性。

④ 构建了基于知识标签聚类的微信公众平台知识推荐服务模式，该服务模式主要包括数据资源层、用户需求挖掘层、知识资源聚合层、服务与资源匹配层、知识推荐服务提供等，如图5-11所示。

第6章

基于摘要生成的微信公众平台知识集成服务

随着移动互联网和大数据时代到来，微信公众平台知识资源数量迅速增多，呈现“知识爆炸”状态。各类微信公众号以推送的形式大量地发送信息或知识，给用户知识选择和使用体验带来困扰，出现信息冗余、知识过载等一系列问题。如果采用人工识别的方式来限制和筛选信息，必然造成巨大的人力和时间成本投入，而且在海量的文章面前效果甚微。在移动互联网环境下，用户期望微信公众平台能够即时、精确地提供满足需求的相关知识，并且能够提供凝练和集成式的知识服务内容。为解决文本知识冗余与人工阅读能力有限之间的矛盾，如何进行自动化的文本摘要成为情报学领域一个日益重要的研究问题。自动化摘要技术作为知识集成组织的重要形式，可以协助用户在较短时间内快速了解文章内容，解决知识过载和知识冗余等带来的问题，极大地提高用户阅读及获取知识的效率。因此，本章引入自动生成摘要技术实现微信公众平台知识资源序化组织，探讨面向用户知识需求和特征的自动化生成文档内容摘要的方法，构建基于摘要生成的知识服务模式。

6.1 微信公众平台文本知识摘要生成的内涵及作用

6.1.1 微信公众平台文本知识摘要生成的内涵

摘要是以提供文献内容梗概为目的，不加评论和补充解释，简明、确切地记述文献重要内容的短文，能够概括和总结文档的中心思想和核心内容。早在20世纪50年代，自动文本摘要已经吸引了人们的关注。在20世纪50年代后期，Hans Peter Luhn利用词频和词组频率等特征从文本中提取重要句子，用于总结内容。文本摘要自动化生成是指运用现代计算机的自动化技术从原始文章中抽取或重新组织生成包含中心内容、概要信息、作者情感态度等主题或语义内容的句子，并将这些句子按照一定顺序形成文章摘要的过程。借鉴上述定义，微信公众平台文本知识摘要是运用计算机技术、信息技术等，自动从微信公众平台自然语言形式的文档中抽取包含知识主题、核心关键内容的知识单元句子或者重新从语义层面组织融合生成相关句子，并将这些句子处理后产生简洁、精练、概括性的知识性摘要的过程，属于典型的运用知识之间关联关系聚合知识的方法。

自动化摘要生成有多种分类方式。按照研究对象的文档数量可以分为单文本自动摘要生成和多文本自动摘要生成。对于微信公众平台的知识摘要生成，提取单篇文档的知识摘要即单文本知识摘要生成，提取与某一领域知识相关的多篇文档的摘要即多文本知识摘要生成。按照生成摘要的用途，可以将自动文本摘要生成分为面向信息浏览和基于情感态度分析两类。有些摘要是为了方便用户浏览文档的概要信息，有些摘要是为了分析出文档中作者的情感态度。微信公众平台自动化摘要生成主要是为了方便用户查找知识内容和概括性浏览，因此需要进行面向知识浏览的自动化摘要生成。此外，按照自动文本摘要中是否含有原文句子可以将生成方法分为两类：一类是直接从文章中抽取权重排序较高的原文句子，不对原文档中句子进行修改，按照一定顺序组织形成文本摘要，即抽取式方法；另一类是通过对原文的“理解”，组织生成新的语言句子，对文档的主题、概要信息进行融合表达或概括，即生成式方法。由于在生成式方法形成摘要过程中需要解决语义表示、推理和信息融合等问题，比抽取式方法复杂、难度大，且抽取式自动文本摘要生成是从原文中选取关键句组成摘要，在语法、句法上错误率低，整体效果优于生成式自动文本摘要生成。因此，本书采用抽取式方法对微信公众平台知识自动化摘要生成开展研究。

6.1.2 微信公众平台文本知识摘要生成的作用

微信公众平台的使用场景主要是移动网络环境和智能终端，用户受到手机、平板电脑等智能终端设备屏幕较小和阅读时间碎片化的限制，很难在短时间内浏览和阅读几千字的文章，知识过载和冗余给用户带来较差的阅读体验和较多的精力投入。因此，微信公众平台文本知识摘要生成具有以下重要作用和意义。

首先，微信公众平台文本知识摘要生成能够提高用户知识获取效率。依靠自动化技术抽取生成概括性知识摘要，能够将文章内容大幅度缩短，可以为用户提供判断是否继续阅读的依据，极大地节省了用户的时间和精力，给用户带来较好的阅读体验。

其次，知识摘要自动化生成能够提高微信公众平台知识重用效率，实现知识整合和序化组织。知识摘要的生成能够减少和过滤冗余信息，提取文档中的主要知识和思想观点，整合多篇文档中知识资源内容，得到完整的高质量知识资源，实现知识的重新整合和序化组织。知识重新整合和序化组织为微信公众平台知识再利用提供了基础和条件，解决了知识重用过程中的问题，对于微信公众平台知识重用具有重要意义。

另外，微信公众平台知识摘要自动化生成能够为微信公众平台知识组织与服务、智能检索与问答、领域热点追踪和分析、行业咨询等新兴的智能服务与市场分析方向提供强有力的支撑，具有较高的商业价值。尤其对于微信公众平台推送类的学术类公众号媒体，自动化知识摘要生成能够在很大程度上减少学术微信公众平台内容编辑的人力和财务成本，提升用户体验。而且目前市场上能够提供自动化知识摘要的服务平台较少，所以从商业应用角度来看，微信公众平台自动化知识摘要服务具有一定的研究意义和价值。

6.2 基于TextRank算法的文本摘要生成过程及改进思路

6.2.1 基于TextRank算法的文本摘要生成方法及过程

自动文本摘要抽取式生成方法的核心思想是排序，即对句子的重要性进行计算并排序，抽取排序靠前的句子作为文本摘要内容。基于抽取式的自动文本摘要技术经过多年发展已经相对成熟，经典的自动文本摘要生成方法包括基于文本特征统计的方法、基于LDA主题模型的方法、基于文本理解的方法以及基于图模型的方法等。各类方法都有其优点和不足，目前应用最为广泛的是基于图模型的方法，例如TextRank算法被广泛应用于文本摘要自动化生成，具有较多的应用实例和理论基础。本书借鉴已有的研究成果，选择基于图模型方法中的TextRank算法实现微信公众平台文本知识摘要生成。基于TextRank算法的文本摘要自动化生成过程如图6-1所示。

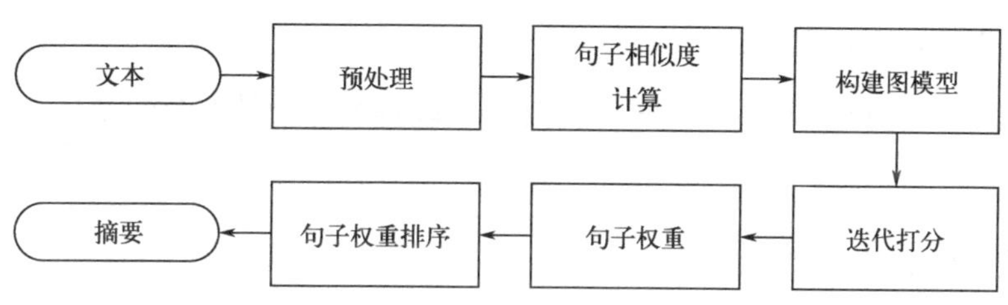

图6-1 基于TextRank算法的文本摘要自动化生成过程

① 将文本按照句子为单元进行切分，同时对句子进行分词、去除停止词等预处理，得到每个句子的词汇集合 $W_i=\{\text{word}_1, \text{word}_2, \text{word}_3, \cdots, \text{word}_i\}$，其中

$word_i \in V_i$表示句子预处理后保留的候选关键词。

② 计算句子之间的相似度。给定两个句子V_i和V_j，句子之间的相似度还可以采用基于句子间内容覆盖率、基于编辑距离、余弦相似度等多种方法进行计算，（公式6-1）采用的是基于句子间内容覆盖率的句子相似度计算方法。

$$\mathrm{Sim}(v_i,v_j)=\frac{|\{\mathrm{word}_i \mid \mathrm{word}_i \in W_i \ \&\ \mathrm{word}_i \in W_j\}|}{|W_i|+|W_j|/2} \qquad （公式6-1）$$

式中，分子表示两个句子中都出现的词语的数量，$|W_i|$表示句子V_i中词语的数量。

③ 构建形成文本的图模型$G=(V, E)$，其中V为句子集，E为边集，句子间的相似度值作为图的边权重。

④ 句子权重迭代计算。循环迭代计算句子的TextRank值，即可得出句子节点的最终权值，计算句子权重的迭代公式如下：

$$WS(V_i)=(1-d)+d\sum_{i,j\in\varepsilon} V_j \in In(V_i)\frac{w_{ij}}{\sum v_k \in Out(v_j) w_{jk}} WS(V_j) \qquad （公式6-2）$$

式中，$WS(V_i)$表示句子V_i的权重，w_{ij}表示句子V_i与句子V_j之间的相似度，公式右侧的求和表示每个相邻句子对本句子的贡献程度。$In(V_i)$表示所有指向句子节点V_i的句子节点的集合，$Out(V_j)$为句子节点V_j指向的句子节点的集合，d为阻尼系数，一般取值0.85。与提取关键字的时候不同，一般认为全部句子都是相邻的，不再设置共现窗口。

⑤ 依据此权值大小对句子进行排序，取排名靠前的N个句子作为候选摘要句子。

⑥ 最终从候选摘要句子中抽取一定数量的句子生成摘要。

6.2.2 基于TextRank算法的文本摘要生成方法改进思路

TextRank算法把稳态分布下随机游走寻找高概率事件的思想应用在摘要自

动化抽取生成的问题上，虽然可以成功抽取生成文本摘要句，但也存在一定不足。本书的改进和优化思路如下：

① 传统的TextRank自动摘要生成算法，在构建文本图模型边权关系时，在句子之间相似度超过某个阈值时建立连接关系，句子相似度是通过计算句子间共现词出现的频率是否超过阈值得出的，该方法单纯考虑了词与词之间的共现关系，忽视深层次的词语之间的语义关系。因此，为了更好地进行句子相似度计算，本书引入Word2vec模型计算句子之间相似度，将句子之间语义关系考虑入内。

② 根据中文文章的写作习惯，通常文章段落的首句和末尾句为总结性内容，往往能够起到总结段落大意和主旨的作用，很容易被选择为摘要句子，因此，应适当提高位于段落首句或者末尾句等位置句子的权重。然而，传统的TextRank算法没有考虑文章中句子所在位置的因素。同时，该算法也没有考虑文本主题的因素，主题通常是与文本的核心关键内容相关，而标题更是对于文本内容的高度概括，对于包含主题词或者关键词的句子以及与标题相似度较高的句子也应该提高其权重。因此，本书将句子位置特征信息、标题相似度等引入句子权重值计算，对符合条件的句子权重的初始值适当进行增减。

③ 基于TextRank自动摘要生成算法抽取句子时，主要参考句子的权重大小，没有考虑抽取句子的重复性和多样化问题。而当自动生成摘要的目标是抽取多个摘要句子时，为了避免最终抽取的句子信息过度重合，造成信息冗余，就需要对候选摘要句子的冗余度和多样化进行控制。因此，本书引入最大边缘相关算法MMR算法来减少具有相同信息的句子重复出现，对其进行再一次的冗余处理，对相似度较高的句子进行降低权重或者去除操作。

④ 微信公众平台知识服务以“用户为本”，以满足用户知识需求为最终服务目标。不同的用户群体可能对于同一篇文档需要了解的信息内容和关键点不相同。然而，基于TextRank自动摘要算法抽取生成的句子形成摘要“千人一面”，没有考虑用户的特征和个性化知识需求。因此，本书将用户特征和个性化需求考虑入内，通过计算句子与用户知识需求特征之间的相似度来修改和提

升句子权重，提升与用户知识需求相似度高的句子的权重，降低与用户需求相似度低的句子的权重或保持句子权重不变。

6.3 基于改进TextRank算法的微信公众平台知识摘要生成方法

6.3.1 基于TextRank算法的文本摘要生成方法改进

6.3.1.1 句子语义相似度计算

传统TextRank算法单纯考虑了词与词之间的共现关系，忽视深层次的词语之间的语义关系，因此本书引入句子语义相似度计算来解决这一问题。在自然语言处理领域，语义相似度计算一直是个难题。目前，常用的句子相似度计算方法有基于编辑距离计算、杰卡德系数计算、余弦相似度计算、TF-IDF计算、词向量平均等计算方法。句子之间的语义相似度是指句子与句子在语义上的相似程度。句子是由词或词组按照一定的语法结构组成的表达一个完整意思的语言单位，每个句子作为一个整体，其相似度建立在部分词语相似度的基础上。为了实现基于TextRank算法抽取式文本摘要中的句子相似度矩阵构建，本书采用基于Word2vec词向量模型的句子语义相似度计算模型。根据第5章的模型介绍，对给定的语料库进行训练，然后获得语料库中词语的词向量表示。基于得到的词语词向量，用词向量平均方法获得句子向量，再计算句子与句子之间的相似度，作为图的边权值，以期在语义层面上获得较好的句子相似度计算结果。

6.3.1.2 句子位置特征及标题相似度特征计算

传统的TextRank算法抽取句子生成摘要过程中，单纯考虑了图节点句子之间的相似度，没有考虑文本中句子所在的位置、与标题相似度、与主题相似度等特征的影响。针对传统的TextRank算法在这方面的不足，本书结合中文文本的写作习惯对算法进行改进，充分考虑句子在文本中的位置、标题相似度等特征。具体句子特征影响及量化方法如下。

（1）句子位置特征及量化

句子位置特征信息是指句子在正文段落中的位置信息。在中文的段落写作习惯中，通常是文章的开头要精美、引人入胜，起到总体概括的作用，中间部分一般是有条理地论证，在结尾部分再次进行总结回顾。这说明文章正文部分段落的首句和尾句的重要程度通常要高于段落的中间部分。尤其是微信公众平台中的资讯类文章，开头的第一句话或第一段话被称为导语，而导语则要求能够高度概括报道内容。还有研究表明，在人工选择句子生成摘要时，段落首句被选为摘要句的概率超过了85%，段落结尾的句子被选为摘要句的概率也占到了接近70%。因此，段落首句和尾句在进行TextRank算法排序时，其初始的权重应该适当修正和提高。当句子位于段首或段尾时修正公式如下：

$$WS(V_{i0})=WS(V_i)+e \quad （公式6-3）$$

式中，$WS(V_{i0})$表示经过位置特征关系调整后的权重，$WS(V_i)$是句子的初始权重，$e \in (0,1)$表示修正系数。

（2）标题相似度及量化

对于中文写作习惯而言，标题往往是对于全文的高度总结概括，能够在很大程度上反映文档的主题内容和中心思想。文中与标题形成呼应的句子或者相似度较高的句子具有更大的可能性成为最终的摘要句子。因此，本书计算文本中每个句子与标题的相似度，将结果融入图$G(V,E)$的节点，对图中节点的初始权重进行修正和调整。具体计算过程为：计算文本标题与句子之间的相似度，如果句子与文本标题的相似度较高，则对该句子的初始权重进行修正，调整和修正的规则如下：

$$\begin{cases} WS(V_{i1})=WS(V_{i0})+\mathrm{Sim}T, 0.5<\mathrm{Sim}T\leqslant 1 \\ WS(V_{i1})=WS(V_{i0}), 0\leqslant \mathrm{Sim}T\leqslant 0.5 \end{cases} \quad （公式6-4）$$

式中，$WS(V_{i1})$表示经过标题相似度调整后的权重，$WS(V_{i0})$表示经过位置特征关系调整后的权重，Sim$T$表示标题与句子的语义相似度计算值，此处将阈值设置为0.5。

6.3.1.3 基于MMR算法的句子冗余处理

在自动生成摘要抽取多个摘要句子时，为了避免最终抽取的句子信息过度重合，造成信息冗余，本书引入MMR算法解决这一问题。MMR的全称为Maximal Marginal Relevance，中文名称为最大边界相关法或者最大边缘相关，是抽取式自动摘要生成方法的一种。MMR算法主要是通过计算查询语句与被搜索文本之间的相似度，从而对文本进行排序的方法。最大边缘相关算法的基本思想是在未选句子集合中选择一个与输入查询最相关并且与已选句子最不相似的句子，迭代执行该操作，直至句子数目或词语数目达到上限。

6.3.2 融合用户需求与图模型的单文本知识摘要生成方法

本书在单文本知识摘要生成过程中综合考虑用户个性化特征和需求，改进和优化TextRank算法实现文本知识摘要生成，认为不同的用户可能对于同一份文档的需求内容和关注点不相同，因此将用户特征和个性化需求考虑在内。通过计算句子与用户需求特征之间相似度来修改和提升句子权重，提升与用户需求相似度高的句子权重，与用户需求相似度低的句子权重不变或降低句子权重。同时，结合句子的位置信息特征和句子与标题之间的相似度调整句子的初始权重，获得最终句子初始权重，再进行排序，提取摘要句。微信公众平台单文本知识摘要生成方法流程如图6-2所示。

微信公众平台单文本知识摘要生成方法是对微信公众平台发布的单篇文档生成文本摘要，流程的具体实现如下。

步骤1：以句子为单元对单篇文本进行预处理，包括分句、分词得到句子的特征项。对句子特征项进行去除停用词、去除敏感词、词性过滤等处理，只保留具有特定词性的词项，如名词、动词、形容词等。另外，基于中文维基百

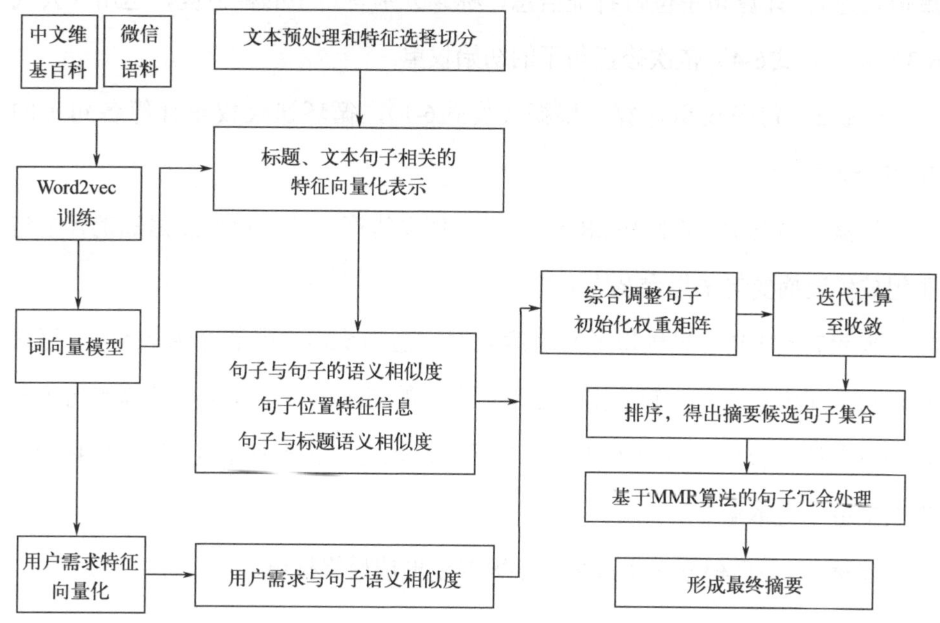

图6-2　微信公众平台单文本知识摘要生成方法流程

科语料和微信语料库，运用Word2vec模型进行训练得到词向量模型。

步骤2：运用Word2vec词向量模型对文本中的词语、句子、标题进行向量化表示。用词向量平均的方法，将每个句子中所有单词的词向量合并表示为句子的向量；同时，对挖掘和获取到的用户需求特征也运用Word2vec词向量模型进行向量化表示。

步骤3：计算每个句子之间的相似度w_{ij}，确定节点句子之间的连接边权重，当句子之间相似度超过某个阈值则建立两个句子之间的连接边，构成有向的TextRank文本网络图$G=(V,E,W)$，形成关于句子节点的一个$n \times n$的相似度矩阵$\boldsymbol{SM}_{n\times n}$，见（公式6-5）：

$$\boldsymbol{SM}_{n\times n}=\begin{bmatrix} w_{11} & \cdots & w_{1n} \\ & \cdots & \\ w_{n1} & \cdots & w_{nn} \end{bmatrix} \quad （公式6-5）$$

步骤4：融合句子特征修正句子的初始权重$WS(V_{i1})$。设置句子的初始权重值均为1，计算句子位置特征信息、标题分别与句子的相似度，运用（公式6-3）和（公式6-4）依次修正句子的初始权重。

步骤5：句子权重计算。根据（公式6-1），循环迭代权重计算各句子的TextRank值。

步骤6：得到句子的TextRank值进行倒序排序，抽取重要度最高的N个句子组成候选摘要句子集合R。

步骤7：需求匹配与句子冗余度处理。运用6.3.1.3小节介绍的MMR算法进行句子冗余度计算，筛选出满足用户需求的句子。该过程中所计算的句子与查询语句的相似度可以替换成句子与用户需求特征和查询语句综合的相似度，进而抽取单文本摘要。

步骤8：最后根据句子数量、字数要求形成最终摘要。

6.3.3 融合主题与图模型的单领域多文本知识摘要生成方法

6.3.3.1 Doc2vec段落向量模型

在进行多文本知识摘要自动化生成时，如果直接将多文档合并作为一篇长文档进行摘要抽取会导致句子数目过多，训练词向量模型过于复杂，因此在进行多文本摘要生成时直接对句子、段落进行文本向量化处理。

Doc2vec模型（文档向量化模型）是由Mikolov等人继Word2vec模型之后于2014年提出的一种可以直接将句子或者段落映射到相应维度的向量空间中的方法，主要通过浅层神经网络实现。Doc2vec模型的基础是Word2vec模型，并对其增加了一个向量（即文档id向量D），以完成对段落的向量化表示。相应地，Doc2vec模型也包括两种训练模式：PV-DM（分布式存储模型段落向量）和PV-DBOW（分布式词袋段落向量）。这两种模式是分别基于Word2vec模型的两种训练模式，并且都是在去掉神经网络语言模型的隐含层的基础上利用上下文和段落特征来预测某词语出现的概率分布。

6.3.3.2 微信公众平台单领域多文本知识摘要生成流程

单领域多文本的自动文本摘要生成技术是以单一领域的多文本集合为研究对象，生成同一领域内多个文档的文本集摘要信息，通常在图模型的基础上进行研究。由于多文档中句子的数量较多，如果直接构建句子级的图模型，会导致模型庞大、运行效率下降。因此，本书采用融合文本主题与图模型的方法，在单领域多文本摘要生成过程中先对文本集合中的文档进行主题聚类，然后在对子文档集合句子聚类后运用TextRank算法抽取句子，层层合并后形成文档集合摘要。另外，本书综合考虑了传统的TextRank算法生成摘要过程中存在冗余以及句子权重计算过程中语义相似度问题，结合句子位置信息特征和句子与标题之间的相似度调整句子节点的初始权重，同时运用MMR算法消除TextRank算法生成文本摘要过程中句子冗余问题，最终提取摘要句。微信公众平台单领域多文本知识摘要生成流程如图6-3所示。

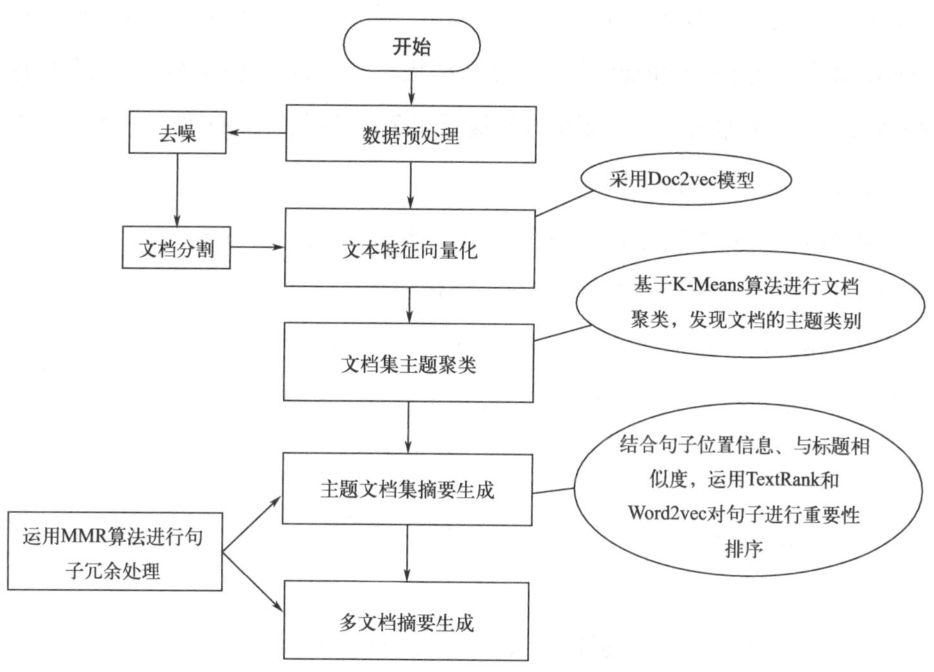

图6-3 微信公众平台单领域多文本知识摘要生成流程

微信公众平台单领域多文本知识摘要生成方法是对微信公众平台发布的文本集合生成文本集合摘要，流程的具体实现如下。

步骤1：数据预处理。以句子为文本单元，对文本进行预处理，包括分句、分词得到句子的特征项。对句子特征项进行去除停用词、去除敏感词、词性过滤等处理，只保留具有特定词性的词项，如名词、动词、形容词等。

步骤2：文本特征向量化。采用Doc2vec模型对文本进行向量化表示。

步骤3：文档集主题聚类。基于K-Means算法进行文档聚类，发现文档的主题类别，将文档聚为N个类，并生成相应的类别文本集合。

步骤4：主题文档集摘要生成。首先对主题文档集的句子权重进行计算。基于Word2vec和TextRank计算主题内部每个句子之间的相似度w_{ij}，作为句子之间的边权，构成有向的TextRank文本网络图$G=(V,E,W)$。融合句子特征修正句子的初始权重$WS(V_i)$。设置句子的初始权重值均为1，计算句子位置特征信息、标题与句子的相似度，运用（公式6-3）和（公式6-4）修正句子的初始权重。最后确定句子权重，根据（公式6-1），循环迭代传播权重计算各句子的TextRank值。根据TextRank值对主题文档集句子进行倒序排序，抽取重要度最高的N个句子作为候选主题文档集摘要句子，并进行步骤6处理。每个主题文档集的摘要生成方法相同。

步骤5：多文档摘要生成。将多个主题类别摘要候选句子合并，再次进行步骤6处理，并根据句子数量、字数要求形成最终文本摘要。

步骤6：句子冗余度处理，层层融合形成文档集合摘要。运用6.3.1.3介绍的MMR算法进行句子冗余度计算，筛选出符合需求的句子。

6.4 实证研究——以“认知计算”领域为例

本书的实验语料源于搜狗搜索，采用八爪鱼数据采集软件，以“认知计算”为检索词，随机采集70篇微信公众平台有关“认知计算”的文档，每篇文档包括文档的标题和正文部分，去除篇幅过长、过短或知识性较弱的文档，最终选择50篇构成实验语料集合。在实践应用中，知识资源数据可直接通过平台数据库调取，知识聚合算法需集成在微信公众平台内部，同时集成到知识聚合结果呈现界面，即知识聚合服务功能界面。

在实验过程中，需要根据语料集合对50篇文档语料进行一些预处理和准备工作，主要包括：

① 由于微信公众平台内容为网络文本，存在冗余和媒体格式丰富等特点，而摘要中一般仅包括文本，因此需要删除文档集合中的特殊字符、公式、图片、表格、超链接等非文本类标记。

② 运用Python的第3方模块Jieba进行分句和分析，发现这50篇文档语料中最短的文本为12句，最长的文档包含87句，平均长度为48句，其中大部分文档的句子介于25句到65句之间。Jieba的分句过程主要通过识别分割符号，如句号、逗号、问号、感叹号等。文本按照句子进行分割，以“IBM认知计算到底能做什么？”文档为例，切分的结果如图6-4所示，文档共分为45句。

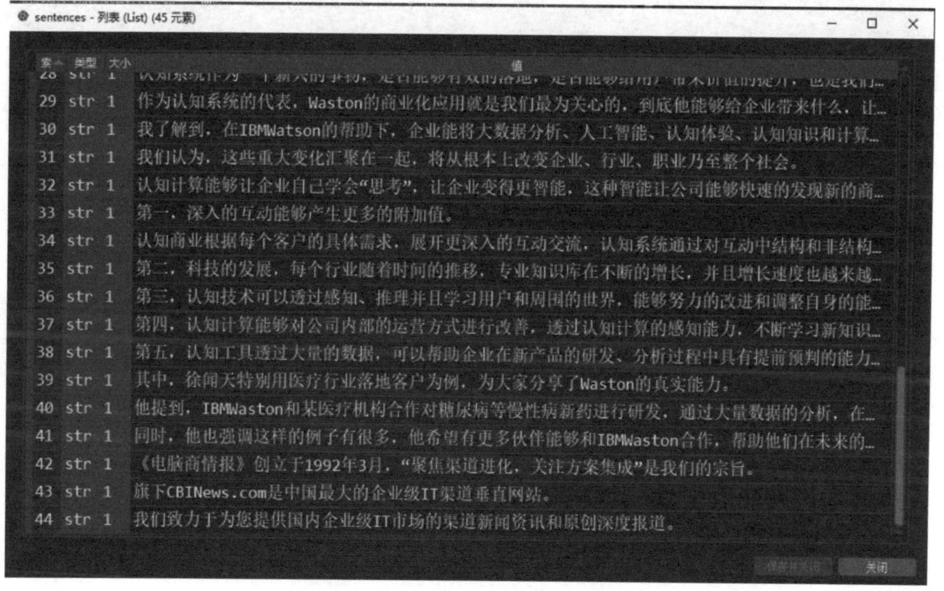

图6-4　示例文档句子切分结果

其中序号为第0句的内容为用户需求，示例文档为“用户需求：IBM，认知系统，智能”，序号为第1句的内容为文档标题“IBM认知计算到底能做什么？”，文档正文内容共43句。对句子进行切分后，继续对每个句子进行分词，采用Jieba分词工具模块，去除停用词，对文档中每个句子进行分词，分词的结果如图6-5所示。

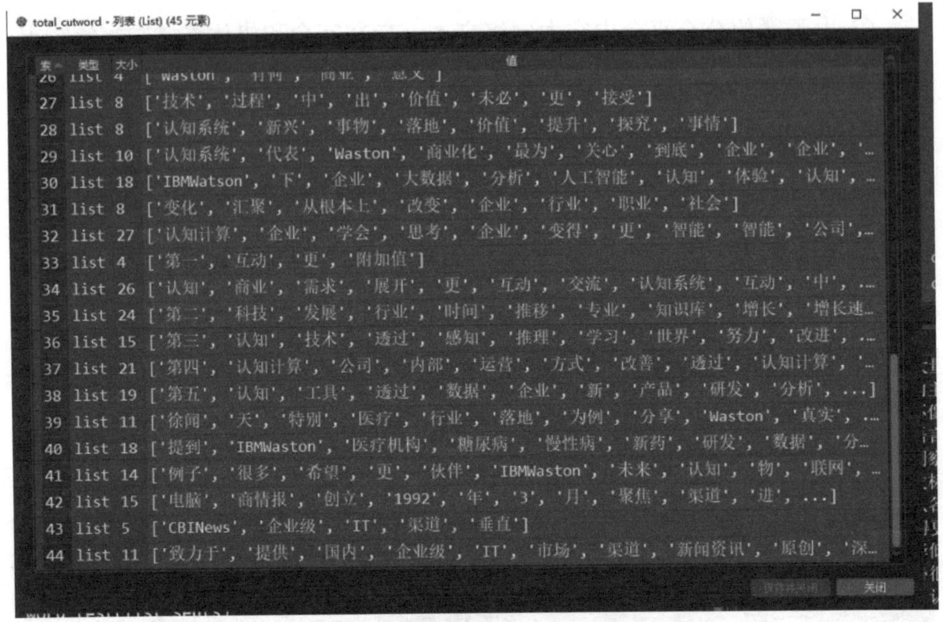

图6-5 示例文档句子分词结果

③ 为了方便在后续评测过程中进行对比分析，采用人工方式按照平均压缩20%的比例为每篇文档生成文本摘要，通过反复地商讨和比较形成50篇文档的单文本人工摘要集合R。示例文档中正文部分包含43个句子，按照压缩20%的比例抽取8句作为其摘要句子。

6.4.1 基于单文本知识摘要生成的微信公众平台知识聚合

为了验证本书所提出微信公众平台单文本摘要生成方法的有效性，本书将融合用户需求和图模型的方法、传统TextRank算法、Word2vec+TextRank算法和MMR算法产生的摘要生成结果进行比较分析。首先，对比分析各类算法生成摘要的效果，从生成摘要中是否包含原文关键信息、是否贴近原文主题以及摘要中的冗余信息是否达到最小值等方面进行对比分析。由于受到篇幅限制，选择“IBM认知计算到底能做什么？”作为示例进行分析。用户需求虚拟假设为：认知计算、智能、IBM。即序号0句子为：认知计算、智能、IBM。序号1句子为文档标题：IBM认知计算到底能做什么？以20%的压缩比例生成文本摘要，示例文档正文句子数量为43，因此最终以抽取8句作为文档摘要。各类算法的摘要生成结果如表6-1所示。

表6-1　5种方法摘要生成结果

方法名称	摘要
人工标注	1.认知计算有一个现实的物质基础，这个基础就是大数据的研究发展，对于未来“非结构化”数据的大量增长，如何客观、简便、智能地去分析数据，是当下各个行业中面临的主要问题。 2.这里就要提出认知系统的重要作用，那就是能够接收各种形式的非结构化数据，进行理解、推理、学习。理解、推理、学习成为认知系统的三个重要特性。 3.三个重要的特性，让我们想起了人工智能，但实际上，认知计算并不像人工智能似的去让机器表现得更像人一样，认知计算是为了通过与人的自然语言交流和不断学习帮助人们做到更多，让专家可以更好地从海量的数据里获得洞察，从而做出精准的决策。 4.现在，IBM将认知计算打造为一个基于云计算和开发标准的平台，通过平台，更多的人可以将每项应用融入对自身数据的分析中，从各个方面提高工作的效率。 5.我了解到，在IBMWatson的帮助下，企业能将大数据分析、人工智能、认知体验、认知知识和计算机基础架构等认知技术融入数字应用、产品与运营。 6.认知计算能够让企业自己学会“思考”，让企业变得更智能，这种智能让公司能够快速地发现新的商机，同时可以通过这种智慧降低某些方面的研发成本，具体而言，相较于以往传统的商业，认知商业模式优势很多，具体如下。 7.认知商业根据每个客户的具体需求，展开更深入的互动交流，认知系统通过对互动中结构和非结构化数据的分析，找出客户关键需求，能够通过客户的需求互动带给企业更高的价值。 8.第五，认知工具透过大量的数据，可以帮助企业提高新产品研发、分析过程中的提前预判能力，降低研发成本和时间。

续表

方法名称	摘要
本书改进的TextRank算法（75%）	1. 认知计算有一个现实的物质基础，这个基础就是大数据的研究发展，对于未来“非结构化”数据的大量增长，如何客观、简便、智能地去分析数据，是当下各个行业中面临的主要问题。 2. 三个重要的特性，让我们想起了人工智能，但实际上，认知计算并不像人工智能似的去让机器表现得更像人一样，认知计算是为了通过与人的自然语言交流和不断学习帮助人们做到更多，让专家可以更好地从海量的数据里获得洞察，从而做出精准的决策。 3. 现在，IBM将认知计算打造为一个基于云计算和开发标准的平台，通过平台，更多的人可以将每项应用融入对自身数据的分析中，从各个方面提高工作的效率。 4. 认知计算能够让企业自己学会“思考”，让企业变得更智能，这种智能让公司能够快速地发现新的商机，同时可以通过这种智慧降低某些方面的研发成本，具体而言，相较于以往传统的商业，认知商业模式优势很多，具体如下。 5. 认知商业根据每个客户的具体需求，展开更深入的互动交流，认知系统通过对互动中结构和非结构化数据的分析，找出客户关键需求，能够通过客户的需求互动带给企业更高的价值。 6. 认知技术可以通过感知、推理并且学习用户和周围的世界，能够努力地改进和调整自身的能力，让产品和服务更个性化。 7. 第四，认知计算能够对公司内部的运营方式进行改善，通过认知计算的感知能力，不断学习新知识，能够推测判断企业经营效果，为决策提供判断。 8. 第五，认知工具透过大量的数据，可以帮助企业提高新产品研发、分析过程中的提前预判能力，降低研发成本和时间。
传统的TextRank算法（50%）	1. 但是，并不妨碍我们去探究到底什么是认知计算。IBM能够把这个技术用到哪里，创造什么样的价值？在和IBM大中华区全球企业咨询服务部合伙人、电子行业总经理徐闻天交流后，我对认知计算和IBM认知系统的现实作用有了一定了解。 2. 认知计算是什么？认知计算有一个现实的物质基础，这个基础就是大数据的研究发展，对于未来“非结构化”数据的大量增长，如何客观、简便、智能地去分析数据，是当下各个行业中面临的主要问题。 3. 三个重要的特性，让我们想起了人工智能，但实际上，认知计算并不像人工智能似的去让机器表现得更像人一样，认知计算是为了通过与人的自然语言交流和不断学习帮助人们做到更多，让专家可以更好地从海量的数据里获得洞察，从而做出精准的决策。

续表

方法名称	摘要
传统的TextRank算法（50%）	4. 现在，IBM将认知计算打造为一个基于云计算和开发标准的平台，通过平台，更多的人可以将每项应用融入对自身数据的分析中，从各个方面提高工作的效率。 5. 认知商业根据每个客户的具体需求，展开更深入的互动交流，认知系统通过对互动中结构和非结构化数据的分析，找出客户关键需求，能够通过客户的需求互动带给企业更高的价值。 6. 第三，认知技术可以通过感知、推理并且学习用户和周围的世界，能够努力地改进和调整自身的能力，让产品和服务更个性化。 7. 第五，认知工具透过大量的数据，可以帮助企业提高新产品研发、分析过程中的提前预判能力，降低研发成本和时间。 8. 他提到，IBMWaston和某医疗机构合作对糖尿病等慢性病新药进行研发，通过大量数据的分析，在认知计算平台的帮助下，研发时间降低，有效节省了成本。
Word2vec+TextRank算法（75%）	1. 认知计算有一个现实的物质基础，这个基础就是大数据的研究发展，对于未来“非结构化”数据的大量增长，如何客观、简便、智能地去分析数据，是当下各个行业中面临的主要问题。 2. 三个重要的特性，让我们想起了人工智能，但实际上，认知计算并不像人工智能似的去让机器表现得更像人一样，认知计算是为了通过与人的自然语言交流和不断学习帮助人们做到更多，让专家可以更好地从海量的数据里获得洞察，从而做出精准的决策。 3. 现在，IBM将认知计算打造为一个基于云计算和开发标准的平台，通过平台，更多的人可以将每项应用融入对自身数据的分析中，从各个方面提高对工作的效率。 4. 认知计算能够让企业自己学会“思考”，让企业变得更智能，这种智能让公司能够快速地发现新的商机，同时可以通过这种智慧降低某些方面的研发成本，具体而言，相较于以往传统的商业，认知商业模式优势很多，具体如下。 5. 认知商业根据每个客户的具体需求，展开更深入的互动交流，认知系统通过对互动中结构和非结构化数据的分析，找出客户关键需求，能够通过客户的需求互动带给企业更高的价值。 6. 认知技术可以通过感知、推理并且学习用户和周围的世界，能够努力地改进和调整自身的能力，让产品和服务更个性化。 7. 认知计算能够对公司内部的运营方式进行改善，通过认知计算的感知能力，不断学习新知识，能够推测判断企业经营效果，为决策提供判断。 8. 第五，认知工具透过大量的数据，可以帮助企业提高新产品研发、分析过程中的提前预判能力，降低研发成本和时间。

续表

方法名称	摘要
MMR算法（50%）	1.学习比较好理解，认知系统本身能够通过对数据的分析，去自我学习，提高对问题的分析解读能力。 2.认知计算，认知方案进入了大众用户的视线，作为百年企业，IBM的这一转变，让许多人惊讶，又觉得理所当然。 3.认知计算有一个现实的物质基础，这个基础就是大数据的研究发展，对于未来“非结构化”数据的大量增长，如何客观、简便、智能地去分析数据，是当下各个行业中面临的主要问题。 4.第五，认知工具透过大量的数据，可以帮助企业提高新产品研发、分析过程中的提前预判能力，降低研发成本和时间。 5.但是，并不妨碍我们去探究到底什么是认知计算。IBM能够把这个技术用到哪里，创造什么样的价值？在和IBM大中华区全球企业咨询服务部合伙人、电子行业总经理徐闻天交流后，我对认知计算和IBM认知系统的现实作用有了一定了解。 6.认知商业根据每个客户的具体需求，展开更深入的互动交流，认知系统通过对互动中结构和非结构化数据的分析，找出客户关键需求，能够通过客户的需求互动带给企业更高的价值。 7.第四，认知计算能够对公司内部的运营方式进行改善，通过认知计算的感知能力，不断学习新知识，能够推测判断企业经营效果，为决策提供判断。 8.我了解到，在IBMWatson的帮助下，企业能将大数据分析、人工智能、认知体验、认知知识和计算机基础架构等认知技术融入数字应用、产品与运营。

通过观察表6-1可以发现，本书改进的融合用户需求和图模型方法以及Word2vec+TextRank方法生成的摘要中与人工生成的摘要的重复程度都达到了75%，比其他算法的抽取效果要好，这说明融合Word2vec词向量模型后，抽取的准确率得到了明显提升。然而，仔细阅读发现本书融合用户需求和句子特征后，抽取生成包含的主题词和关键词数量较多，这说明该摘要能够紧密地贴合文本的主题，更好地表达文章主旨，从而验证了本书提出改进的TextRank算法对于微信公众平台单文本摘要生成具有一定的可行性和合理性。同时，在引入用户的需求、与标题的相似程度后，发现运用本书方法生成的文本摘要能

够较好地匹配用户需求，能够实现面向用户需求的个性化抽取和生成。而且本书算法生成的摘要具有较好的语义连贯性，便于读者理解和进一步掌握文章的主旨大意。

为了更进一步比较算法的适用性和应用广泛性，本书将语料库中的50篇文档进行实验效果比较。由于实验语料规模较小，采用Edmundson方法进行文本摘要效果评价，计算自动文本摘要与人工摘要的句子平均重合率P，见（公式6-6）：

$$P=\frac{\sum_{i=1}^{n}\frac{|S_i\cap R_i|}{|S_i|}}{n} \tag{公式6-6}$$

式中，S_i表示通过算法抽取生成的第i篇文本的摘要句子集合，R_i表示人工标注的第i篇文本的摘要句子集合，n表示文本总数。

分别验证4种自动摘要生成方法在抽取句子数量为2句、4句、6句、8句时重合率平均数据值，比较结果如表6-2所示。

表6-2　4种自动摘要生成方法实验结果比较

抽取句子数量	重合率P			
	改进TextRank算法	TextRank算法	Word2vec+TextRank算法	MMR算法
2	0.5	0.5	0.5	0.5
4	0.5	0.25	0.5	0.5
6	0.66	0.5	0.66	0.5
8	0.75	0.625	0.75	0.375

通过表6-2的数据可以发现，本书改进算法产生的摘要在平均重合率方面，随着抽取句子数量的增多，平均重合率越来越高，达到了75%，这比传统的TextRank算法生成的摘要效果要好很多。与Word2vec+TextRank算法、

MMR算法相比，虽然重合率相近，但本书的效果值还是略高一点，因为相对于Word2vec+TextRank算法，本书算法更加契合文章主题和匹配用户需求，与人工生成的摘要在句意表达上更加相近；相对于MMR算法，本书算法更加注重生成摘要句子与用户需求的相似度以及文本自身的结构信息。实验结果表明，运用改进TextRank算法抽取式生成文档摘要，将文本中句子与用户需求进行匹配以及与标题进行匹配，并将文本中句子的特征信息等因素加入摘要提取的过程之中，使其与TextRank算法相结合，在多个因素的共同作用下，可以有效提升形成的文章摘要质量，并且本书算法对候选摘要句群运用MMR算法做了进一步的提纯和冗余优化处理，使得生成的摘要效果更好。

6.4.2 基于单领域多文本摘要生成的微信公众平台知识聚合

为了验证单领域多文本知识摘要的生成效果，本书选取内部评价法开展微信公众平台文本摘要生成的质量评价。由于实验语料规模较小，采用Edmundson方法进行文本摘要效果评价，计算自动文本摘要与人工摘要的句子平均重合率P，计算见（公式6-6）。同时，为了更进一步测量生成的摘要对用户需求的满足程度，本书借鉴视频摘要研究中常用于效果评价的主观评价方法，采用用户打分方式对于生成摘要的满意度进行测评，分数值为1～10分，1～3分为Bad等级，4～6分为Acceptable等级，7～10分为Good等级。

依据上述6.3.3小节提出的融合主题与图模型的单领域多文本知识摘要生成方法。首先运用Doc2vec和K-Means算法将50篇语料文档进行聚类，调整初始聚类数量N。依据上述第5章的经验将K-Means的聚类数设置为4，然而发现其聚类效果并不好，当设置K=3时，聚类效果较好，聚类结果如图6-6所示，其中每类文档数量分别是12、29、9。

分别抽取生成每个主题类别下的文本摘要，每个主题文档抽取句子数量按20%的压缩比例生成子主题的摘要，然后融合3个子主题的摘要生成文档集合

A	B	C
	wendang	lei
4	来源中国自动化学会导读贯彻落实习近平	0
12	人工智能发展经历几次起起伏伏深度学习	0
19	来源中国计算机学会通讯专题作者唐华锦	0
20	授权转载作者唐华锦胡隽新智元类脑专辑	0
22	智慧起航共创未来导读贯彻落实习近平总	0
25	自然语言知识图谱认知智能核心技术产业	0
27	为期两天首届中国认知计算混合智能学术	0
32	紫光展锐支持举办第二届中国认知计算混	0
37	内容介绍中文摘要目的物理学基本原理解	0
39	大会概况第一届中国认知计算混合智能学	0
47	小编参加中国认知计算混合智能学术大会	0
48	热门下载点击标题即可阅读中国数据分析	0
0	本文转自比特计算机稀缺物种金贵无比防	1
1	惊叹春节晚会机器人方阵精彩表演想到起	1
2	认知计算下一代计算范式认知系统数据交	1
3	金融机构时间赛跑极有面临颠覆危言耸听	1
6	认知计算会计行业未来转载自中国视野来	1
7	传统人力资源咨询过程信息处理挑战老三	1
10	专家路健云南省肿瘤医院信息中心主任挑	1
11	责编王苏静物联网智库原创转载注明来源	1
15	华为清华大学中科院自动化研究所两个联	1
16	人工智能大热展现多种惊喜美妙讨论人类	1
17	认知商业概念神秘融入宏大叙事背景罗睿	1
18	做出健康锻炼睡眠多长时间注射流感疫苗	1
21	论坛大中华区董事长黎明认知商业战略中	1
23	认知计算人工智能更好两场轰动世界人机	1
28	清华大学计算机系图形学实验室图形图像	1
30	发现未知威胁突破边界防护察觉事情答案	1
33	本文转自机器之心去年发布创意广告最新	1
34	上图联网事业部全球总部刚过放物大招众	1
35	新智元原创记者胡祥杰健康中国认知计算	1
36	国外媒体报道沃森项目愿景大众赋予数据	1
38	科大哈尔滨工业大学联合创建语言认知计	1
40	致力于医疗诊断分析系统众所周知认知计	1
41	电子商务解决方案周年年前提出划时代愿	1
42	华为清华大学中科院自动化研究所两个联	1
43	认知计算辨析人工智能关系本世纪第二个	1
44	上图大中华区全球企业咨询服务部电子行	1
45	序写篇文章初衷写写人工智能提到认知计	1
46	认知计算也许一部电影角色更好理解鹰眼	1
49	消费产品占据联网市场超过半壁江山预测	1
5	中国实验室认知联网战略总监李明做客机	2
8	高级副总裁系统部总经理主管中间件服务	2
9	推荐赵云这团光怪陆离漩涡恒河神经结构	2
13	本文转载自公众圈儿台湾玉山银行人工智	2
14	上图大中华区董事长黎明认知商业战略中	2
24	震动中外计算产业一幕发生董事长总裁首	2
26	巨头纷纷沉沦拥有百年历史蓝色巨人正试	2
29	点击上方蓝色字体关注搜索公众选择旗下	2
31	阿里人工智能专家万里指出执着认知计算	2

图6-6　多文档聚类结果

的摘要。由于篇幅限制，本书以聚类结果中的第3类文档为例，共抽取72句形成的文本摘要，选取10人根据之前人工生成摘要对每个主题类别生成的摘要进行人为满意度打分，分数值为1～10分。对上述实验数据集合进行基于4个评价标准的结果对比，见表6-3。

表6-3 单领域多文档文本摘要生成结果对比

文档主题类	人工摘要句子数量（8/篇）*A*	抽取句子数量（8/篇）*B*	重合率*P*	满意度
主题1	96	96	0.6458	7.5
主题2	232	232	0.7241	5.7
主题3	72	72	0.7222	7.2
平均值	133.33	133.33	0.6974	6.8

从表6-3可以看出，本书算法抽取句子数量和人工抽取均为每篇8句，可以看出每个主题类别的重合率*P*值达到了60%以上，平均抽取生成句子重合率大于2/3。用户语义满意度测评方面，结果分别为Good、Acceptable、Good，表明聚合结果达到用户基本满意程度，说明本书提出的多文档文本摘要生成方法能够应用于文档知识摘要的生成，具有一定的可行性和准确度。同时，根据实验人员反馈，本书提取生成的知识摘要涵盖的知识点内容也较为丰富，流畅度较好，能够满足用户基本的知识需求。

6.5 基于摘要生成的微信公众平台知识集成服务模式

6.5.1 微信公众平台知识集成服务概述

随着微信公众平台运营公众号数目不断增加，平台整体发布文档数量飞速增长，而在转载和分享过程中存在大量同质文档，拉低了平台整体文章水平，同时降低了用户的阅读效率，给用户带来困扰。在移动互联网技术、大数据技术和人工智能技术飞速发展的环境下，用户的知识需求也不断提高，用户期望在有限的碎片化阅读时间里通过快捷完善的渠道和方式获得质量高、信息量大的知识精华。因此，微信公众平台需要有效缓解知识过载问题并探索一种创新的知识服务模式来重新序化组织、提炼平台生成的文档知识资源，协助用户查找、索引、概括总结知识，以满足用户日趋精准化、智能化的知识服务要求。

知识集成是从广泛分布的网络知识资源中搜索和整理相关知识，并转换为统一的知识模式，从而为某一领域的问题求解提供有效的知识资源，是在大数据环境下进行知识获取、组织和利用的有效途径。知识集成服务即基于集成化知识资源开展的知识服务模式。文档摘要生成能够实现文档内知识资源概括总结和集成融合，是知识集成的一种有效手段，通过对文档主题大意进行概括总结，以提供文献内容梗概为目的，不加评论和补充解释，简明、客观地记述文献重要内容，为微信公众平台知识集成提供了思路和支撑。经调研发现，当前微信公众平台知识服务处于初级阶段，没有提供知识资源集成概括等服务，因此，本书提出基于摘要生成的微信公众平台知识集成服务模式，以满足用户高效便捷地获取集成化、个性化知识的服务需求。

基于摘要生成的微信公众平台知识集成服务模式就是利用文本知识摘要生成技术，抽取微信公众平台发布文档中关键知识资源形成摘要，从而实现知识资源的序化和融合组织，为微信公众平台用户提供集成化的知识服务。它延伸了微信公众平台知识服务的类型和外延，属于高增值性、智能化和个性化的知识服务模式。微信公众平台通过概括运用文档知识资源内容，生成文本知识摘要，能够有效地解决文档过长和数量较多带来的知识过载和冗余问题；通过开展和利用知识集成服务，能够让用户较快地掌握和了解文本的主题大意，降低用户文档搜寻过程中的精力和成本投入，能够优化和改进微信公众平台知识服务质量和水平，提升用户使用的满意度和体验。同时，微信公众平台对知识资源进行总结和集成概括，也可以进一步提高知识的利用效率和效益。

6.5.2 基于摘要生成的微信公众平台知识集成服务要素分析

微信公众平台知识集成服务的实现主要依赖知识集成服务参与者、知识集成服务内容、知识集成服务环境等要素的相互作用，同时基于知识摘要生成开展知识集成服务过程中的摘要生成技术、服务平台构建技术和文本摘要生成技术等也是重要的组成要素。因此，本书将基于摘要生成的微信公众平台知识集成服务要素划分为知识集成服务参与者、知识集成服务环境、知识集成服务内容、知识集成服务技术4个维度，见图6-7所示。

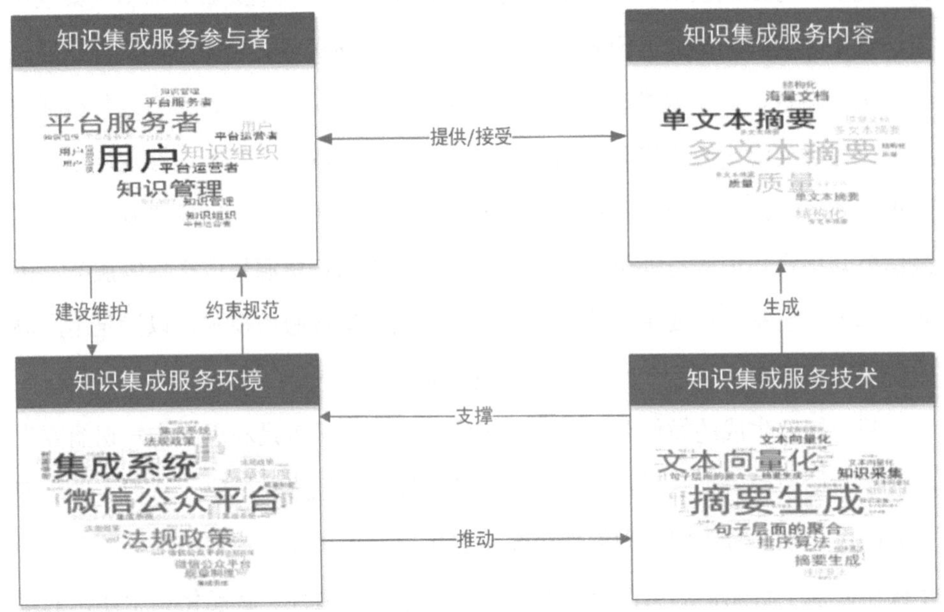

图6-7　基于摘要生成的微信公众平台知识集成服务要素

（1）知识集成服务参与者

知识集成服务参与者包括提供者和接受者。与知识推荐服务类似，提供者是指微信公众平台运营者和服务人员，负责平台知识资源的选取、序化组织和集成融合，同时也承担平台知识资源挖掘和组织聚合、文本摘要生成等技术开发和支持。从专业角度看，要求知识集成服务提供者具有微信公众平台运营、媒介信息传播、知识组织与挖掘等方面的经验，同时也要求服务提供者具备知识服务的素养和实践经验。知识推荐服务接受者主要是指利用微信公众平台获取知识的用户，用户知识需求是微信公众平台开展知识集成服务的主要驱动力，呈现出多元化、个性化的特点。知识集成服务提供者依据接受者用户的需求开展知识集成服务，根据接受者用户的反馈不断改善知识集成服务方式和策略，两者之间相互促进、相互作用以实现双赢局面。

（2）知识集成服务内容

知识集成服务为用户提供知识资源聚合后的主题、单篇文档摘要、多篇文档摘要等集成化的知识内容。然而知识集成服务内容不仅仅包括传递和推荐给用户知识聚合资源成果，还包括知识集成服务过程中服务方式的选择、服务平台和渠道、知识聚合成果呈现方式等一系列内容。文本摘要生成内容质量的优劣直接影响知识集成服务的水平，是基于知识聚合的微信公众平台知识集成服务实现的关键部分。

（3）知识集成服务环境

知识集成服务环境是指知识集成服务发生的“时空场所”，以及服务过程中的保障制度和策略等因素。宏观层面上环境包括国家、社会层面制定的互联网法律法规、制度等；微观层面是指微信公众平台自身制定的规章制度、公约和激励制度，以及直接实现服务的知识集成服务系统的运行环境等。微信公众平台作为知识资源聚合和集成服务发生平台，其微观环境的规范和治理有助于规范提供者的知识处理、发布和传递方式，也会影响服务接收者的知识资源需求和行为规范。

（4）知识集成服务技术

微信公众平台基于文本摘要生成开展知识集成服务过程中涉及文档知识采集、聚合组织、文本摘要生成等一系列的技术，例如6.3小节中所涉及的TextRank算法、MMR算法、Word2vec模型、Doc2vec模型等，这些技术为开展知识集成服务提供了技术支撑。另外，现有的大数据挖掘、机器学习、语义网等新技术发展推动知识集成服务技术更新和迭代。

6.5.3 基于摘要生成的微信公众平台知识集成服务模式构建

本书将文本摘要生成技术与微信公众平台知识集成服务结合，构建了基于摘要生成的微信公众平台知识集成服务模式，为微信公众平台开展智能化、集成化的知识聚合服务提供支持。该服务模式面向用户知识需求，通过数据采集、数据处理、文本向量化、文本重要性排序等技术生成文本摘要，并以此作为知识资源向用户提供知识集成服务，服务形式包括知识预览服务、知识搜索服务和知识整合等。具体包括数据采集、用户知识需求分析、文档摘要生成、知识集成服务准备、知识集成服务提供、服务反馈和评价等阶段，模式架构如图6-8所示。

（1）数据资源层

数据资源层是基于知识聚合的微信公众平台知识集成服务模式的基础层，通过访问数据库实现知识资源与用户数据的及时获取和采集，用于完成知识数据资源和用户方面数据的采集和预处理等工作。微信公众平台的文本资源内容以微信公众平台运营者及用户生成为主，存在信息冗余及不规范的现象，需要对采集到的文本资源进行去除空格、超链接、特殊符号等数据清洗和预处理操作，也同时需要删除广告、虚假冗余以及字数较少的文档，保障收集文档资源的高质量和规范性，形成规范化的格式存储形成领域文档资源数据库，为后续的知识资源聚合及融合集成提供高质量数据基础和保障。同时，数据资源层也需要实现对于用户特征数据、用户浏览日志、历史检索记录等数据信息采集，形成统一规范化的数据格式，存储到用户基本信息库中，为后续用户画像构建、需求挖掘与分析提供保障和支持。

（2）用户知识需求挖掘层

基于知识聚合的微信公众平台知识集成服务是面向用户知识需求，提供个性化和集成化的知识服务模式。用户知识需求和特征信息获取主要通过显式和隐式两种方式获取用户服务需求和个体特征信息，实现用户群体的画像构建、分类和定位。一方面运用数据基础层获取到的用户基本信息。例如，用户偏好信息、浏览日志、历史检索记录、互动交流（评论、发帖等）等数据。然而，用户地理位置、情景以及手持终端设备、网络状况等物理信息也会影响后续知

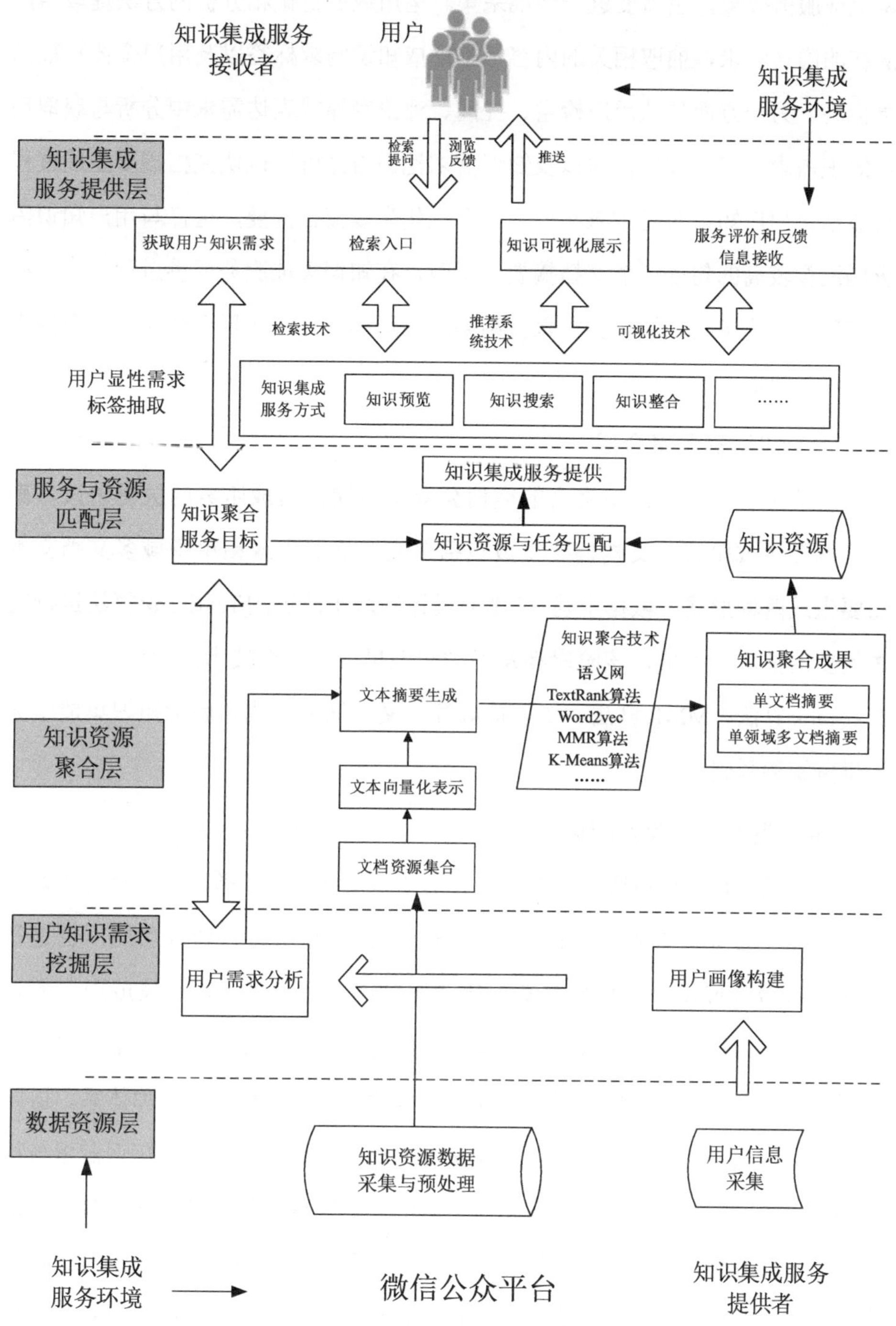

图6-8　基于摘要生成的微信公众平台知识集成服务模式

识集成服务效果，也需要进一步地采集。运用数据挖掘和分析的方法提取用户潜在的隐式需求，抽取相关的内容标签形成知识需求标签以及用户个体特征信息标签。另一方面是从用户检索、提问、评论等显式表达需求中分析与获取用户知识需求。用户画像构建以及知识需求挖掘与分析可以使文档摘要生成过程有效结合用户知识服务需求和特征，个性化生成文档摘要，选择与用户知识需求匹配度较高的句子形成文档摘要。同时，在知识集成服务提供过程中可以结合用户知识需求实现知识资源聚合结果的筛选和匹配，实现个性化知识资源集成和可视化展示。

（3）知识资源聚合层

该阶段也是基于知识聚合的微信公众平台知识集成服务的关键阶段，即文档摘要生成阶段。文档摘要生成包括单文本摘要生成和单领域多文档文本摘要生成两种形式。依据上述6.3小节设计的基于改进的TextRank算法进行文本摘要的抽取式生成，该阶段涉及多种知识集成与组织技术，例如，语义网、TextRank算法、MMR算法、知识抽取等。文本摘要生成为后续知识集成服务提供资源和基础。

（4）服务与资源匹配层

该阶段为知识集成服务准备阶段，即知识集成服务任务与知识资源相匹配的过程，主要完成知识资源内容的抽取、匹配、组织与管理等功能，也是基于知识聚合开展微信公众平台知识集成服务的关键步骤。知识集成服务模式需要依据用户知识服务需求设计知识集成服务方式和途径，以及匹配相关的知识服务资源。再依据服务方式设计知识集成服务运行过程中的保障体系、协同体系、运行机制等。知识集成服务与资源匹配层主要是实现用户知识需求与特征和知识聚合结果之间的匹配，为接下来的知识集成服务准备更加适合用户设备、格式以及更加集成化的知识资源内容。同时，基于知识聚合结果对于知识资源再次进行分类、组织、聚合、存储等管理，实现知识资源内容重复利用和序化组织。

（5）**知识集成服务提供层**

知识集成服务提供是微信公众平台与用户的服务交互和服务功能实现层。该阶段综合运用过滤算法、可视化技术、语义分析等技术将集成化的知识资源内容在服务平台进行可视化展示。知识集成服务提供层主要用来与用户交互，是用户提交知识服务需求、反馈评价知识推荐服务质量的重要平台。用户可以通过构造检索式、用户提问等方式提交知识需求，也同时反馈和评价知识服务的效果和用户体验。知识集成服务方式主要是向用户提供集成化的知识预览、知识搜索和知识整合等。其中，预览服务和搜索服务是用直接呈现知识聚合后的集成化知识资源替代原本用户通过微信公众号推送点击阅读资源的方式，将高质量知识资源提供给用户，用户对集成化知识资源进行主动浏览或搜索，从而解决信息冗余问题，提高用户搜寻和获取知识资源效率，为用户节约时间和精力。知识整合服务则是微信公众平台综合运用抽取生成的文档摘要来开展服务的方式，依据用户知识需求与特征，主动向用户提供单文本知识摘要和单领域多文档知识摘要，为用户提供个性化、智能化知识服务。

6.6 本章小结

为了实现单文档和多文档在句子层面的知识聚合，本章主要提出了基于摘要生成的微信公众平台知识聚合方法以及微信公众平台知识集成服务模式，主要的研究内容和结论如下：

① 介绍了微信公众平台知识摘要生成的概念及意义，认为微信公众平台文本知识摘要生成是运用现代计算机信息技术自动化地从微信公众平台自然语言形式的文档中抽取包含知识主题、核心关键内容的知识单元句子或者重新从语义层面组织融合生成相关句子，并将这些句子处理后产生简洁、精练、概括性的知识性摘要的过程，属于典型的运用知识之间关联关系聚合知识的方法。微信公众平台文本知识摘要自动化生成能够提高用户知识获取效率。其次，知

识摘要自动化生成能够提高微信公众平台知识重用效率，实现知识整合和序化组织。另外，微信公众平台知识摘要自动化生成能够为微信公众平台知识组织与服务、智能检索与问答、领域热点追踪和分析、行业咨询等新兴的智能服务与市场分析提供强有力的支撑，具有较高的商业价值。

② 提出了基于改进TextRank算法的微信公众平台知识摘要抽取式生成方法，从单文档和多文档两个方面分别提出相应的知识摘要生成方法。单文档知识摘要生成过程融合考虑了用户知识需求和句子特征信息，运用MMR算法去除句子冗余生成摘要。多文档首先运用Doc2vec和K-Means聚类方法将多文档集聚成N类，然后再运用单文档摘要生成方法分别生成各个主题类的摘要，通过融合形成摘要，实现多文档知识摘要集成聚合。最终采集搜狗微信平台数据，以“认知计算”为例进行应用研究，验证了本书提出的知识摘要生成方法的可行性和有效性。

③ 构建了基于摘要生成的微信公众平台知识集成服务模式。基于摘要生成的微信公众平台知识集成服务模式是利用文本知识摘要生成技术，抽取微信公众平台发布文档中的关键知识资源形成摘要，从而实现知识资源的序化和融合组织，为微信公众平台用户提供集成化的知识服务。将基于知识聚合的微信公众平台知识集成服务的构成要素划分成为知识集成服务参与者、知识集成服务环境、知识集成服务内容、知识集成服务技术4个维度。服务模式具体包括数据采集、用户知识需求分析、文档摘要生成、知识集成服务准备、知识集成服务提供、服务反馈和评价等阶段。

第7章

微信公众平台数智化知识服务能力提升策略

微信公众平台数智化知识服务面向用户知识需求，以先进的知识聚合服务技术为驱动，改善平台当前的服务现状和服务能力。为了更好地提升微信公众平台知识服务能力，本书基于上述章节的研究结论设计了微信公众平台知识服务能力提升策略。微信公众平台数智化知识服务研究中的核心研究问题包括微信公众平台的用户知识需求分析、知识聚合方法以及知识服务模式构建三方面，进行知识聚合及服务需要在微信公众平台系统内集成相应的知识聚合服务系统。因此，本书围绕微信公众平台数智化知识服务系统建立，拟从用户知识服务需求获取、知识聚合技术方法改进与应用以及微信公众平台运营管理3个方面提出相应的对策建议。

7.1 用户知识需求外化表达及挖掘

用户一直以来都是媒体的核心竞争力，用户数量与活跃度决定了媒体的影响力和未来发展，微信公众平台正是凭借其庞大的用户群体和海量的用户生成内容成为最具影响力的媒体平台之一。然而，当前环境下用户需求发生了很大的变化，日趋向精准、智能、个性化知识服务。微信公众平台基于知识聚合开展服务的最终目的也是更好地满足用户需求，提升用户满意度和体验。因此，微信公众平台知识服务能力提升应遵循的首要原则应该是“用户为本，需求至上”。在微信公众平台知识聚合服务体系中，用户知识需求是用户对知识聚合服务过程的要求与期望，其中包含对知识资源内容、知识服务系统以及知识服务方式等方面的需求。可见，加强服务平台对于用户需求发掘及提升用户需求外化能力对提升微信公众平台知识聚合及服务能力起到重要作用。

7.1.1 提升用户知识需求外化表达能力

微信公众平台数智化知识服务是以满足用户的知识需求为最终目标，知识聚合的范围、知识聚合技术方法实现以及知识服务的形式都是以用户知识服务需求为导向的。因此，获取用户的知识需求是进行数智化知识服务的先决条件。然而，用户知识需求分为隐性需求和显性需求两部分，仅仅通过用户检索式和关注热点了解用户的外化的知识需求是不够的，用户知识需求更多的是隐藏在用户头脑深处，由于受到用户认知水平和表达能力的限制，不知道该用什么方式表达和外化，更多的时候也不知道运用什么词语进行表达和描述，导致用户知识搜寻和获取的效率降低。另外，微信公众平台采用的问卷调查或用户自主填表等方式获取用户知识需求存在一定局限性和片面性，用户知识需求并不是一成不变的，它随着外部情景、用户认知的水平不断地发生变化。因此，如何协助和提升用户知识需求自主表达能力成为微信公众平台提升精准、智能化服务水平的首选途径。

用户直接表达出来的知识需求也称为显性用户知识需求，如在微信公众平台中输入感兴趣的领域关键字或主题词进行检索，另外，用户通过评论等方式对平台服务进行评价与反馈也能间接地表达用户知识服务需求。用户还可以通过问卷调查和提问方式在指定功能区域提出具体的、详细的知识需求描述。积极表达知识服务需求能够将用户自身的隐性知识服务需求转换为显性知识服务需求，对于用户的知识服务需求表达微信公众平台也能够给予快速清晰的服务响应。然而，目前用户知识需求的表外化表达受到用户表达能力和认知影响，实际表达出来的内容常常存在问题不明确、用语不专业等现象，导致系统很难迅速锁定相应的知识内容。因此，需要借助技术手段和用户培训措施来提升用户知识服务需求表达能力。一方面，借助本书提出的知识标签生成方法，运用知识标签之间的关联关系推荐相似的知识标签给用户，协助用户进行智能的检索和导航，同时也能够加强用户知识服务需求表达语言的准确性和规范性，使平台能够准确地接收到用户需求并及时进行服务响应。另一方面，微信公众平台也运用改进语义识别和关键词标签推荐算法能力，精准提取用户知识服务需求内容。同时，微信公众平台也应完善系统检索和反馈功能，引导用户积极表达知识服务需求，通过制定相应的激励措施，促进用户反馈和表达的积极性。

7.1.2 深入挖掘用户多层次知识需求

本书通过对用户知识需求分析，发现用户知识服务需求呈现出多层次、精准化等特点，并将用户知识需求具体分为潜在层次、认知层次、表达层次和个性化知识需求四个层次。然而，用户能够表达出来的用户知识服务需求属于表达层次的用户知识需求，是外化的显性知识需求。但是，仅仅依靠用户外化的显性需求提升服务能力显然是不够的，更多地需要深入地了解和挖掘用户潜在的、多元化的知需求，才能够进一步地开展智能、精准化的知识服务。为提升对于用户隐性需求的挖掘能力，应根据不同层次的服务需求特征进行相应的知识需求深层挖掘和分析。主要从以下三个方面开展：① 基于用户主观数据的用户知识需求挖掘。基于主观数据的用户知识服务需求挖掘是指对用户需求问卷调查、用户服务评价、用户投诉建议等主观产生的数据进行挖掘，建立或引入适当的理论模型，可以挖掘用户潜在层次和认知层次的知识服务需求。② 基于客观数据的用户知识服务需求挖掘。基于客观数据的用户知识服务需求挖掘是指对用户检索日志、用户浏览日志、用户访问时间等客观行为产生的数据进行挖掘，利用分类、聚类等数据挖掘算法，可以挖掘用户表达层次和个性化知识服务需求。③ 多元化用户画像的构建。用户画像技术作为刻画用户特征和需求的经典工具，不仅仅挖掘用户自身的特征和隐性需求，还能够根据用户的聚类情况，挖掘相似和相近用户知识需求和特征，使得微信公众平台能够根据相似和相近用户特点实现协同推荐服务。

7.1.3 培养用户知识服务评价和反馈意识

微信公众平台数智化知识服务本质上服务于用户，平台知识服务的服务质量和效果与用户的实际体验和满意度息息相关，因此在整个知识服务的过程中，用户不应仅仅作为知识服务的被动接收者，更应参与到知识服务的建设中。积极进行知识服务效果的评价，某种程度上用户评论和点评属于间接形式的知识需求表达，能够促进平台更好地了解用户知识需求、依据用户需求完善平台知识服务能力和水平。① 为培养用户知识服务评价意识，平台应开设知识服务评价渠道，使用户能够通过评分、留言、互动交流等方式对平台的知识服务进行评价或意见反馈。② 推行激励措施引导用户积极参与平台知识服务评价。③ 认真对待用户评价结果并作出积极响应，形成评价与反馈的良性循环，最终逐渐形成科学规范的微信公众平台知识服务评价流程和评价反馈机制。通过用户对微信公众平台知识服务的评价进一步明确用户知识服务需求，将用户意见融入知识服务改进过程中，能够更有针对性地提高用户体验和满意度。

另外，微信公众平台的用户事实上包含普通微信账号用户群体（简称微信用户）和微信公众号账号用户群体（简称公众号账号用户），两类用户在使用微信公众平台时的角色目的不同，所以在关注微信用户知识服务需求的同时也不能忽略公众号账号用户对平台知识服务的意见和建议。而公众号账号用户也能通过了解微信用户对知识服务的评价完善自身公众号运营，获得更多关注度和粉丝活跃度。

7.2　加大新技术应用和融合改进

在大数据、人工智能和机器学习等技术飞速发展的背景下，先进技术的助推和支撑正是微信公众平台能够进行知识聚合和开展创新型服务开展的主要动因之一。本书所研究的微信公众平台数智化知识服务是利用知识聚合相关技术进行知识资源聚合并提供知识服务，知识聚合服务技术是整个微信公众平台知识聚合及服务体系框架中的核心要素，不仅包含知识资源聚合的相关技术还包括知识服务系统搭建、知识服务可视化呈现等相关技术，对于体系框架中的各个阶段起到保障实施的作用。因此，不断吸纳先进的技术方法并应用是有效提升微信公众平台知识资源聚合及创新服务能力的直接对策。

7.2.1　引入新技术，优化和改进知识聚合方法

知识聚合是微信公众平台知识聚合及服务体系框架中的核心部分，是将数据挖掘、知识组织、人工智能、深度学习等核心技术作为工具，对知识资源进行聚合组织和序化的过程。知识聚合方法及其相关技术的准确性和科学性直接影响微信公众平台知识资源聚合效果，也就是知识资源内容的组织和序化水平，从而并间接影响微信公众平台开展知识创新服务的能力。因此，引入新技术、不断优化改进知识聚合技术能够从根本上提升微信公众平台知识资源聚合效果及创新服务能力。

目前在其他媒体应用的基于知识聚合的知识服务所采用的文本挖掘和知识聚合技术并没有达到理想的效果，还需要不断优化技术的性能，如提高知识聚合的准确性和精确性、降低算法计算的时间复杂度等。本书应用的文本标签提取、知识主题聚合、文本摘要自动化生成等方法大多数来源于已有的文本挖掘和知识聚合方法，但是进行了一定的算法融合和算法改进，使知识聚合过程中无论是知识提取还是文本聚合的结果都有所提升。因此，可以借助本书提

出的基于标签聚类和文本摘要生成方法改进微信公众平台知识资源聚合质量和效果。

同时，随着信息技术的发展，事实上知识聚合的实现方法有很多，大数据技术、人工智能技术、深度学习等前沿技术的发展也给知识聚合技术的进步带来启示。在后续研究中应尝试更多的研究方法，在实践应用中发现原有技术的缺陷，持续进行算法技术的改进与优化，不断提高知识聚合和组织的效果，从而为微信公众平台数智化知识服务提供精准有效的基础数据。

7.2.2 知识聚合服务系统搭建和开发设计

微信公众平台知识聚合服务是系统性工程，应从系统的角度进行思考和设计，运用大数据架构和信息系统开发技术进行微信公众平台知识聚合服务系统开发和设计。知识聚合服务系统是微信公众平台进行创新知识服务的方式。本书在第5章和第6章研究中分别提出了基于知识聚合的微信公众平台知识推荐服务模式和知识集成服务模式，作为知识服务实现的框架，尚未提出详细的知识服务系统开放方案。微信公众平台应在服务模式基础上，利用服务器开发框架、网页开发技术、数据库技术等设计开发相应的知识聚合服务系统。为方便微信用户使用，微信公众平台知识聚合服务系统不能作为独立系统搭建，而需集成在微信公众平台内部，作为平台功能的一部分。

搭建的知识聚合服务系统包含知识资源采集、知识资源存储、知识聚合组织、知识服务提供等多个模块，注重各个模块之间的协作和交互。其中知识资源采集是根据用户需求确定知识资源采集范围，包括单一公众号发布的知识资源（简称单平台）和整个微信公众平台发布的知识资源（简称全平台），采集时可以直接调用微信公众平台数据服务器中的数据，经过预处理后作为知识资源进行存储；知识资源存储模块中的数据作为结构化的数据资源，除了进行知识聚合应用外还可以用于其他目的的数据挖掘与数据分析；知识聚合组织模块对存储模块中的知识资源进行知识聚合，如主题聚合、知识摘要生成等，考虑到相关技术算法的自动执行能力，可以进行必要的人工参与，所采用的相关技术算法也应不断进行优化和改进。知识服务提供模块作为最终向用户展示的部分须拥有良好的展示和检索界面，基于用户需求提供知识推荐服务、知识导航服务、知识集成服务等功能设计，并形成单平台、多平台、全平台的综合性知识服务平台。

另外，由于微信用户数量庞大，微信公众平台知识资源量巨大，容易出现网络开发访问量过大、数据安全性等问题。因此，在实现基本的知识聚合服务系统功能时更要保证系统能够顺利运行，优化环境网络，避免出现系统崩溃或数据错乱等情况，为微信公众平台知识聚合及创新服务提供良好的技术支撑和保障。

7.2.3 应用可视化技术加强用户服务体验

可视化是利用计算机图形学和图像处理技术，将数据转换成图形或图像在屏幕上显示出来，再进行交互处理的理论、方法和技术，包括科学计算可视化、数据可视化和信息可视化。与文字描述的表达形式相比，可视化技术最大的优点在于直观，易于理解和比较分析。在微信公众平台知识聚合及知识服务过程中加强知识可视化技术的应用，可以让用户更加快速地理解和吸收核心知识内容，让用户更便捷地接收到微信公众平台的知识服务内容，提高用户的服务体验和满意度。目前可视化技术已在知识服务中有所应用，如数字图书馆平台对作者聚类、机构聚类、发文趋势统计等信息进行可视化服务，然而现有应用普遍存在可视化功能简单、交互操作差等问题。因此，微信公众平台知识聚合服务系统设计时，可以从以下方面加强可视化服务：

① 丰富可视化服务内容。在基本的统计信息基础上还应直接将知识聚合结果进行可视化呈现，包括数据可视化和信息可视化两个层次。数据可视化即知识主题聚合结果的可视化呈现；信息可视化即知识摘要生成结果可视化呈现。

② 优化可视化服务视觉效果。可视化的最终结果是视觉呈现，在注重服务界面设计美观的同时应注重突出视觉效果，通过颜色、大小、组织形式等元素强化视觉冲击效果，最大程度地表达知识聚合主要内容及细节。

③ 完善可视化服务操作。可视化服务的对象是用户，本着以用户需求为导向的原则允许用户自主设定可视化服务中的部分参数、范围等，在一定程度上与系统进行交互操作。如设置可视化图像的配色、进行图像缩放等操作，满足用户个性化需求。

这样，微信公众平台知识聚合服务系统在兼顾知识聚合服务的易用性、流畅性和兼容性，同时突出知识聚合服务系统的结构性和层次性，保障每个访问用户都能够高效使用知识聚合服务功能，提升用户的体验感与满意度。

7.3 微信公众平台创新服务理念及加强运营管理

微信公众平台作为微信公众平台知识聚合服务体系框架中的知识聚合服务提供者，是知识服务的发起者和实施者，在整个服务体系框架中占据决定性的重要位置。如果没有知识服务提供者的“1”，后面再多的“0”都是无本之木。微信公众平台效益和平台价值最大化是微信公众平台开展创新知识服务的直接驱动力。作为知识服务提供者，微信公众平台的作用渗透到知识聚合服务体系中的各个阶段，因此，改进微信公众平台运营管理是提升微信公众平台知识资源聚合及创新服务能力的根本对策。

7.3.1 加强主动知识服务意识，创新知识服务理念

在新媒体融合环境下，知识服务已经与多种媒体传播进行了有机融合，知识服务并不局限存在于数字图书馆、智库或网络学术社区等平台。微信公众平台作为重要的知识传播交流平台，对科普型知识、专业科普型知识、专业

发展前沿、专业知识以及学术专题等知识的广泛传播起到了重要作用。学术期刊、数字教育出版等行业更是直接依托微信公众平台催生出新的知识服务模式和重构知识服务形式。因此微信公众平台也应明确自身价值，顺应知识服务发展趋势，增强主动知识服务意识，创新知识服务理念，形成最优化的知识服务平台。

① 提供良好的知识服务媒介环境。微信公众平台首先是一个信息发布的媒介，为在平台上运营的公众号账号用户营造良好的知识服务媒体环境是其助力知识服务的前提。微信公众平台应对各公众号发布的信息或知识资源内容进行质量监管和序化组织，维护健康良好的平台信息生态环境，同时提供结构化数据存储，为公众号账号用户进行数据处理和数据分析提供便利。

② 提供主动式的知识服务，转变知识服务理念。微信公众平台作为一个进行知识传播的主体可以直接为微信用户提供基于微信公众平台的知识服务。尽管各个公众号独立进行运营管理，但是每一篇发布文章都可以视作微信公众平台的知识资源，平台可以利用这些知识资源开发知识服务产品和项目，并开展相应的知识服务。然而，当前微信公众平台缺乏主动式知识服务意识，知识服务还是以用户自主搜寻和获取为主，没有较好地利用平台的知识资源和优势。后续服务过程中微信公众应该起到集中优势资源，转变知识服务意识和理念，由被动服务向主动式服务转变。另外，微信公众平台应该主动适应当前技术发展趋势，开展精准和智能化知识服务，创新知识服务模式。在人工智能、机器学习等技术的带动下，知识服务正朝着精准化、个性化、智能化的方向发展，微信公众平台知识服务应努力探索创新服务理念与服务模式，满足微信用户个性化知识需求。

7.3.2 构建和开展多元化平台知识服务模式

目前微信公众平台提供的知识服务仅包含搜索服务，搜索内容的范围可以指定为朋友圈、文章、公众号、小程序、音乐、表情等几大类，在搜索结果中，微信公众平台能够列出标题或正文中包含关键字的文章和公众号等。然而现有的微信公众平台知识服务模式单一，服务内容粗糙，甚至因为只进行关键字检索而没有进行语言分析而返回否定内容的搜索结果，存在明显不足。为满足用户精准化、个性化的知识需求，微信公众平台应丰富平台知识服务模式、提高知识服务信息质量。

随着信息技术的不断发展，以搜索服务为主的知识服务已经无法满足用户多样化的知识需求，微信公众平台知识服务应朝向高效化、聚合化、精准化、智能化的趋势发展。努力打造微信公众平台多元化知识服务模式，提高平台知识服务的普适性和专业性。提高微信公众平台知识服务的普适性有助于吸引更多微信用户关注，扩大微信公众平台影响范围；提高平台知识服务的专业性一方面能够满足科研工作者、教师、学生等学术用户的专业化知识需求，另一方面在普通用户中树立知识权威性与可靠性，同时提升平台影响力。

微信公众平台应不断完善知识服务模式、丰富知识服务内容：① 在提供知识搜索服务的基础上逐步开放知识集成服务、知识推荐服务等服务模式，化被动为主动，加快知识流转的速度和效率。② 增设研究热点、科技前沿、主题整理、科普摘要等知识服务内容。③ 通过语义分析、数据挖掘等技术提高服务信息质量，进一步提升微信公众平台知识服务能力。

7.3.3 加强专业知识服务人才队伍建设

微信公众平台知识服务作为微信公众平台新的服务模块需要配套的知识服务人员维护支撑，因此为提升微信公众平台知识服务能力应注重相应的知识服务人才队伍建设。在知识服务过程中不仅是依靠知识聚合服务系统，人才因素也起到至关重要的作用，如系统运行需要人员运营维护、系统服务需要人员合理利用等，因此培养专业人才一直是提升知识服务的主要措施之一。

微信公众平台知识服务专业人才除了要具备业务服务能力和综合信息素养之外，还应具备一定运用专业工具的能力。与知识聚合服务系统开发设计人员的任务不同，知识服务专业人员不需要搭建系统框架、具体实现系统功能或是解决大规模并发访问等技术问题，而是需要运用知识聚合服务系统进行知识资源采集、知识挖掘与组织、与用户互动交流、接收反馈意见等，并在此基础上提出更贴合用户需求的系统功能设计、更能凸显知识服务特色的呈现形式以及优化服务效果的知识聚合算法设计等。

加强专业的知识服务人才队伍建设具体要从人才招募、人才培养和人才激励等方面入手：① 细化知识服务人员岗位职责，分层次进行人才招募，把控招募门槛和人才质量；② 加大人才培养力度，使知识服务人员快速适应现有工作任务，并在知识服务提升相关技术方向进行探索研究；③ 建立有效的激励政策，充分发挥现有人才的服务能力。在发展中继续优化知识服务人才队伍结构、提升知识服务人才个人能力与协作性，为微信公众平台知识服务提供专业人才保障。

7.4 本章小结

微信公众平台数智化知识服务最终目标是服务于用户。本章基于微信公众平台数智化知识服务体系框架提出了提升微信公众平台知识资源聚合及创新服务能力的对策建议，分为用户需求外化表达和挖掘、引入新技术方法和融合改进、创新平台服务理念和运营管理三个层面。主要的工作内容和结论如下：

① 在用户需求外化表达及挖掘方面，应提高用户服务需求外化能力，积极获取用户显性知识服务需求；深入挖掘用户多层次知识服务需求，了解用户隐性知识需求；培养并增强用户对知识服务评价与反馈的意识，形成多级联动的评价与反馈机制。

② 在加大新技术应用和融合改进方面，应不断引入新技术，并对现有知识聚合、数据挖掘等技术方法进行改进和优化；搭建知识聚合服务系统，完善服务功能；在知识聚合服务系统中加强可视化技术的应用，方便用户更加清晰

快速理解知识内容。

③ 微信公众平台创新服务理念及加强运营管理方面，应形成良好的知识服务意识，不断创新服务理念，开展精准、智能化服务；推行知识资源聚合及服务，丰富知识服务形式及内容，形成多元化平台知识服务模式；同时加强知识服务人才队伍建设，为微信公众平台更好地进行知识资源聚合与服务提供保障。

第8章

研究结论与展望

8.1 研究结论

微信公众平台凭借庞大的运营账号群体以及每日发布的海量文章已经成为用户获取知识的重要途径，然而微信公众平台知识服务水平尚处于初级阶段，且平台信息质量参差不齐、信息过载现象严重，难以满足大数据环境下用户便捷高效、精准化、智能化的知识服务需求，对微信公众平台进一步发展形成一定制约。鉴于此，本书将知识聚合理念引入微信公众平台知识资源组织及服务，提出了微信公众平台数智化知识服务体系框架。通过构建微信公众平台用户画像对用户知识需求进行全面分析，在此基础上分别从词语和句子层面提出了微信公众平台知识资源聚合方法，并建立相应的知识服务模式。最后提出了微信公众平台知识聚合及创新服务能力提升对策。主要的研究过程与结论如下：

（1）微信公众平台数智化知识服务体系框架研究

将用户画像引入描述和构建用户知识需求和特征，实现全面、精准的用户表达，同时引入了知识聚合方法实现微信公众平台知识序化组织与整合，为微信公众平台知识服务创新和转型提供新的思路。通过对微信公众平台数智化知识服务机理解析，构建了其知识服务体系框架。

首先，阐述了知识聚合服务与用户知识需求之间的关系，分析了微信公众平台面向用户知识需求开展知识聚合服务的必要性。认为用户画像是对用户特征和知识需求强有力的外化表达工具，面向用户知识需求地实现知识资源聚合与服务。

随后，界定了微信公众平台知识聚合服务概念，认为面向用户知识需求的微信公众平台知识聚合是为了满足用户个性化知识需求，通过计量分析、数理统计、社会网络分析、数据挖掘、人工智能等方法分析挖掘知识单元的内在联系，将微信公众平台复杂多样化、数量庞大、无序碎片的领域知识资源重新组织和序化，形成结构完善的知识体系，为后续微信公众平台知识聚合服务提供资源保障。认为知识聚合服务目标主要有3个，分别是实现面向用户知识需求的个性化服务，延伸和创新知识服务模式；提高微信公众平台知识组织管理水平，增加知识资源重用率和交流传播效率；实现微信公众平台功能价值和品牌增值。但是在知识聚合及服务过程中需要遵循“用户为本，需求至上”、知识资源权威可靠、知识服务方式合理可行等原则。

解析了微信公众平台数智化知识服务的组成要素和内在动因。将微信知识聚合服务的组成要素分为知识聚合服务参与者、知识资源内容、知识聚合服务环境、知识聚合服务技术4部分。将微信公众平台知识聚合服务动因主要分解为3条动因路径。分别是用户知识需求驱动、微信公众平台效益和价值最大化的驱动以及先进技术助推和支撑。

构建了微信公众平台数智化知识服务体系框架。将微信公众平台数智化知识服务过程主要分为用户画像、知识采集和预处理、知识挖掘与关联聚合、聚合服务提供、反馈评价、知识更新等阶段。初步构建设计了微信公众平台数智化知识服务体系框架。该体系框架包括数据资源层、用户画像层、聚合层、服务提供层4个关键模块。

（2）微信公众平台用户画像构建及需求分析

用户知识需求是驱动微信公众平台创新知识服务的动力，也是微信公众平台提供知识聚合服务的基础。本书针对微信公众平台用户画像及需求方面问题开展研究：

提出了基于VALS2的用户画像构建方法。以人口统计学变量细分为辅，以用户行为细分和VALS2量表分析为主，从宏观层面来对微信公众平台使用者进行分群，进而研究其服务需求和使用行为特征构建用户画像，同时使用因子分析、聚类分析、判别分析法等多种方法对用户群体画像，采用Python语言中的WordCloud包绘制各类用户的心理行为和需求作为标签云展示。最终将微信公众平台用户划分为初期引入参与型、成长型、成熟型用户3类，并分别阐述了3类用户的特征。

微信公众平台用户知识需求分析。认为微信公众平台用户知识需求的形成是一个循序渐进的过程，也是用户认知形成的一个动态过程。其主要是在行为、任务、对话3种不同的情境形成。分别分析了初期引入参与型、成长型、成熟型用户3类用户知识需求形成的过程及特征。将微信公众平台用户知识需求划分为潜在层次知识需求、认知层次知识需求、表达层次知识需求和个性化知识需求4个层级。分别分析了各个层级用户知识需求的特征，认为微信公众平台用户知识需求呈现多元化和集成化、情景化和随机化、个性和精准化、持续和动态化的特征。

（3）基于标签聚类的微信公众平台知识推荐服务

为了满足用户知识需求，实现微信公众平台知识资源聚合，创新知识服务模式。本书针对微信公众平台知识资源标签抽取方法、知识资源聚合方法、基于微信公众平台知识聚合的知识服务等关键问题开展研究：

提出了融合Word2vec和TextRank算法的微信公众平台知识资源标签抽取方法，将关键词作为标签表达和传递知识资源内容的主题思想或者关键知识资源内容。提出了基于改进的BIRCH算法的微信公众平台知识资源聚合方法，改进的过程中融合K-Means算法初选聚类中心，优化聚类结果，同时在初选聚类中心时考虑用户需求及特征。

构建了基于知识标签聚类的微信公众平台知识推荐服务模式，该服务模式主要包括数据采集与预处理、用户知识需求挖掘与分析、知识标签抽取、关联知识聚合、知识推荐服务资源匹配、知识推荐服务提供、服务反馈和评价等关键阶段。

采集微信公众平台“认知计算”领域的数据作为实验数据集，验证本书提出的聚合方法和服务模式的有效性和合理性。验证分析发现本书研究出的融合Word2vec和TextRank算法标签生成方法优于传统的标签生成方法，基于改进的BIRCH算法的聚类主题分布较为合理，各个类之间的区分度较为明显，类簇大小的差距较小。进一步通过知识聚合结果发现相关的知识以及知识之间的关联关系，运用知识关联关系进行知识推荐和导航服务，从而证实本书提出的知识聚合推荐服务也具有一定的可行性和有效性。

（4）基于摘要生成的微信公众平台知识集成服务

介绍了微信公众平台知识摘要生成的概念，以及微信公众平台知识摘要自动化生成意义，认为微信公众平台文本知识摘要生成是运用现代计算机信息技术自动化地从微信公众平台自然语言形式的文档中抽取包含知识主题、核心关键内容的知识单元句子或者重新从语义层面组织融合生成相关句子，并将这些句子处理后产生的简洁、精练、概括性的知识性摘要的过程，属于典型的运用知识之间关联关系聚合知识的方法。微信公众平台文本知识摘要自动化生成能够提高用户知识获取效率。其次，知识摘要自动化生成能够提高微信公众平台知识重用效率，实现知识整合和序化组织。另外，微信公众平台知识摘要自动化生成能够为微信公众平台知识组织与服务、智能检索与问答、领域热点追踪和分析、行业咨询等新兴的智能服务与市场分析方向提供强有力的支撑，具有较高的商业价值。

提出了基于改进TextRank算法的微信公众平台知识摘要抽取式生成方法，从单文档和多文档两个方面进行分别提出相应的知识摘要生成方法。单文档方面生成知识摘要过程中融合考虑了用户需求和句子特征信息，运用MMR进行去除句子冗余生成摘要。多文档首先运用Doc2vec和K-Means聚类方法将多文档集聚成N类，然后再运用单文档摘要生成方法分别生成各个主题类的摘要，通过融合形成摘要，实现多文档知识摘要集成聚合。最终以“认知计算”为例进行应用研究，验证了本书提出的知识摘要生成方法的可行性和有效性。

构建了基于摘要生成的微信公众平台知识集成服务模式。该服务模式是利用文本知识摘要生成技术，抽取微信公众平台发布文档中关键知识资源形成摘要，从而实现知识资源的序化和融合组织，为微信公众平台用户提供集成化的知识服务。服务模式具体包括数据采集、用户知识需求分析、文档摘要生成、知识集成服务准备、知识集成服务提供、服务反馈和评价等阶段。

8.2 研究局限与展望

（1）研究局限

微信公众平台数智化知识服务所涉及的研究内容广泛，然而目前针对微信公众平台知识资源管理和知识服务的研究较少，理论基础薄弱，待解决的问题还有很多。本书将知识聚合理论引入到微信公众平台的研究还处于探索阶段，受到现有理论研究基础、本论文研究时间、数据采集等方面的影响和限制，本书的研究局限和不足主要体现在以下几个方面：

在理论研究方面，由于国内外对知识聚合与知识服务的理论研究时间尚短，已有理论基础和体系并不完善，同时微信公众平台属于新兴媒体平台且主要面向国内用户，能参考的针对性研究较少，使本书的理论研究受到一定程度的限制。进行的相关问题研究及所得结论还处于初级阶段。

在用户画像研究方面，由于选用的理论模型侧重于分析用户的心理偏好和价值观，所以主要通过调查问卷方法采集的用户数据，问题设计无法全面覆盖用户的各个关注点。而且调研规模与范围有限，据此构建的用户画像可能与实际情况存在一定差异。同时未能参考用户行为数据，使画像结果存在局限性。

在知识聚合技术研究方面，由于知识聚合相关算法较多，在研究中无法一一实践对比选择最优算法。本书虽然对传统技术方法和算法进行了改进，但针对算法本身的局限性，仍有很大优化的空间。例如本书在单文档摘要自动化生成的算法改进中，融入考虑了句子位置、标题相似度、用户需求等影响因素，事实上还可以融入句子长度、概括性标注词语等因素进一步提升摘要生成效果。本书对多文本摘要自动化生成技术改进时虽获得了较好的聚合效果，但该算法复杂度高、耗时长，可以考虑从算法思想上进行简化或对程序编写进行优化。

在微信公众平台知识服务模式研究方面，本书设计提出了2种有针对性的知识服务模式，然而还存在很多种知识服务模式没有在文中进行讨论，后续工作中可以结合微信公众平台特征和知识资源特征深入研究其他服务模式的可行性和有效性。

（2）研究展望

由于本书研究范围和篇幅有限，不能将微信公众平台数智化知识服务所涉及的问题进行更为全面细致的研究，因此在后续的研究中将从以下几方面继续完善研究：

在后续用户画像研究中扩大数据样本、探索动态构建用户画像方法。在问卷数据的基础上尝试融合用户微信公众平台使用行为数据构建用户画像，使用户画像更精准；尝试优化用户画像构建方法，对用户画像实现动态修正，及时了解用户知识需求变化，更精准地为用户提供知识服务。

在后续知识聚合技术研究中尝试不同技术方法、持续进行算法优化。知识聚合相关的技术方法有很多，积极尝试多种方法并进行聚合效果比较，分析不同算法的优缺点。在研究中采用不同的样本数据集，尽量降低数据集特性对算法效果的影响，单纯关注算法本身。尝试融合更多指标和参量对算法进行改进。

在后续微信公众平台知识服务模式研究中探索更多服务模式、细化服务功能。在微信公众平台数智化知识服务研究中，提供满足用户知识需求的知识服务是最终目标，探索更多适合微信公众平台开展的知识服务模式能够为用户提供多元化服务，满足用户的不同需求。同时，完善知识服务功能设计以协助知识服务更好地实施。

微信公众平台用户知识服务需求调查问卷

尊敬的朋友：

您好！非常感谢您参与本次问卷调查，我们正在进行关于微信公众平台用户知识服务需求的研究工作。关注度较高的以传播知识为主的微信公众号（下面简称学术微信公众号）有科普中国、瞭望智库、募格学术以及各类期刊微信公众号、图书馆微信公众号等，这些微信公众号按照知识的专业深度不同，不定期推送发布科普型知识、专业科普型知识、专业发展前沿、专业知识以及学术专题型知识等。本次主要是调查用户关注和使用微信公众平台获取知识时的心理偏好、用户体验满意度以及接受知识服务时的价值观，以帮助我们了解用户知识及知识服务需求。

本次调查问卷为选择题，请您在相应的选项上打√，敬请您根据自己的真实感受和判断进行填写。问卷结果仅用于科学研究，其中涉及所有个人信息都将严格保密。如果您对本问卷的内容有什么疑问或者需要获得问卷的调查结果，请联系我们！感谢您抽取宝贵时间参与我们的调查活动。

一、基本信息及使用情况

1.您是否关注和使用过学术微信公众号（例如：科普中国、壹学者、学术中国、经管之家、募格学术、小木虫、各类期刊微信公众号、图书馆微信公众号等）？

○ 是

○ 否

2. 您每周浏览和使用知识微信公众号的频次是多少？

○ 基本不使用

○ 1 ～ 5次

○ 6 ～ 10次

○ 10 ～ 15次

○ 15次以上

3. 您的性别：

○ 男

○ 女

4. 您的学历：

○ 大专及以下

○ 本科

○ 硕士

○ 博士

5. 您的年龄：

○ 20岁以下

○ 20 ～ 30岁

○ 30 ～ 40岁

○ 40 ～ 50岁

○ 50岁以上

6. 您的职业：

○ 教师或科研人员

○ 公务员

○ 企业职员

○ 学生

○ 医生

○ 个体经营者

○ 其他

7.您所在的学科专业：

○ 哲学

○ 经济学

○ 法学

○ 教育学

○ 文学

○ 历史学

○ 理学

○ 工学

○ 农学

○ 医学

○ 管理学

○ 艺术学

8.您使用知识微信公众号主要关注的主题内容是：（多选）

○ 前沿资讯

○ 文献资源

○ 论文写作指导

○ 学术讲座直播

○ 会议信息

○ 招聘信息

○ 学科基础知识

○ 社交互动

二、微信公众平台知识及知识服务需求

9. 我通常是在具有明确的需求后上微信公众平台寻找相关的服务和资源内容。

○ 完全不同意

○ 不同意

○ 不确定

○ 基本同意

○ 完全同意

10. 我非常满意当前的学术微信公众号提供的资源和服务。

○ 完全不同意

○ 不同意

○ 不确定

○ 基本同意

○ 完全同意

11. 我感觉学术微信公众号有些时候给我带来不好的服务体验。

○ 完全不同意

○ 不同意

○ 不确定

○ 基本同意

○ 完全同意

12. 我经常上微信公众平台，看到感兴趣相关知识内容就会浏览和关注。

○ 完全不同意

○ 不同意

○ 不确定

○ 基本同意

○ 完全同意

13. 微信公众平台公众号的界面与系统符合我的使用习惯。

○ 完全不同意

○ 不同意

○ 不确定

○ 基本同意

○ 完全同意

14. 微信公众平台公众号的知识资源更新速度快。

○ 完全不同意

○ 不同意

○ 不确定

○ 基本同意

○ 完全同意

15. 微信公众平台公众号的知识资源数量庞大。

○ 完全不同意

○ 不同意

○ 不确定

○ 基本同意

○ 完全同意

16. 微信公众平台知识类型格式类型多样化。

○ 完全不同意

○ 不同意

○ 不确定

○ 基本同意

○ 完全同意

17. 我习惯使用微信公众平台公众号平台知识搜寻和查找功能。

○ 完全不同意

○ 不同意

○ 不确定

○ 基本同意

○ 完全同意

18. 我习惯使用微信公众平台关注前沿的知识内容。

○ 完全不同意

○ 不同意

○ 不确定

○ 基本同意

○ 完全同意

19. 我认为微信公众平台公众号的知识具有较高的质量。

○ 完全不同意

○ 不同意

○ 不确定

○ 基本同意

○ 完全同意

20. 我认为微信公众平台公众号的订阅和推送知识全面。

○ 完全不同意

○ 不同意

○ 不确定

○ 基本同意

○ 完全同意

21. 我习惯观看微信公众平台公众号的视频课程和直播。

○ 完全不同意

○ 不同意

○ 不确定

○ 基本同意

○ 完全同意

22. 我喜欢通过微信公众平台公众号社交或与他人互动交流。

○ 完全不同意

○ 不同意

○ 不确定

○ 基本同意

○ 完全同意

23. 微信公众平台公众号的服务与运营人员能够及时提供回复和解答。

○ 完全不同意

○ 不同意

○ 不确定

○ 基本同意

○ 完全同意

24. 我习惯将微信公众平台公众号知识资源分享到社交平台或其他人。

○ 完全不同意

○ 不同意

○ 不确定

○ 基本同意

○ 完全同意

25. 我喜欢关注微信公众平台的知名专家。

○ 完全不同意

○ 不同意

○ 不确定

○ 基本同意

○ 完全同意

26. 我喜欢关注微信公众平台感兴趣的话题和参与相关讨论。

○ 完全不同意

○ 不同意

○ 不确定

○ 基本同意

○ 完全同意

27. 我通常会点赞和评论微信公众平台高质量的文章和课程。

○ 完全不同意

○ 不同意

○ 不确定

○ 基本同意

○ 完全同意

28. 我会经常关注和参加微信公众平台公众号的培训并了解操作技巧。

○ 完全不同意

○ 不同意

○ 不确定

○ 基本同意

○ 完全同意

29. 我比较注重微信公众平台上其他人员（用户）对我的认可。

○ 完全不同意

○ 不同意

○ 不确定

○ 基本同意

○ 完全同意

30. 微信公众平台公众号的新技术应用吸引我使用和关注。

○ 完全不同意

○ 不同意

○ 不确定

○ 基本同意

○ 完全同意

31. 我很期待获得微信公众平台公众号设置的各类奖品和奖励。

○ 完全不同意

○ 不同意

○ 不确定

○ 基本同意

○ 完全同意

32. 我容易被微信公众平台公众号的运营推广广告和案例吸引。

○ 完全不同意

○ 不同意

○ 不确定

○ 基本同意

○ 完全同意

33. 我会因为微信公众平台公众号获取知识资源经济、灵活和随意而使用它。

○ 完全不同意

○ 不同意

○ 不确定

○ 基本同意

○ 完全同意

34. 我偶尔也因为无聊或自娱来点击和浏览微信公众平台的知识内容。

○ 完全不同意

○ 不同意

○ 不确定

○ 基本同意

○ 完全同意

35. 我经常会因他人分享的高质量资源、新奇资讯而关注和使用微信公众平台。

○ 完全不同意

○ 不同意

○ 不确定

○ 基本同意

○ 完全同意

36. 我乐于使用微信公众平台公众号追踪前沿的研究和知识内容。

○ 完全不同意

○ 不同意

○ 不确定

○ 基本同意

○ 完全同意

37. 与其他的实用的公众号相比，我更喜欢追求流行和关注潮流的微信公众平台公众号。

○ 完全不同意

○ 不同意

○ 不确定

○ 基本同意

○ 完全同意

38. 我通常会因为课程内容直播免费及知识免费共享而使用和关注微信公众平台公众号。

○ 完全不同意

○ 不同意

○ 不确定

○ 基本同意

○ 完全同意

参考文献

[1] 王传清，毕强. 超网络视域下的数字资源深度聚合研究[J]. 情报学报，2015，34（01）：4-13.

[2] 曾群，刘昊，李瑞婻. 基于知识关联理论的数字图书馆信息资源聚合研究[J]. 图书馆学研究，2016（23）：36-41.

[3] 张建红. 基于语义关联的海量数字资源知识聚合与服务研究[J]. 图书馆工作与研究，2016（08）：44-47.

[4] 张连峰，李慧，逯云鹤. 基于虚拟学术社区的知识聚合模型构建研究[J]. 情报科学，2019，37（06）：55-60+74.

[5] 郭顺利，宋拓，程子轩. 用户需求驱动下社会化问答社区知识聚合服务研究[J/OL]. 情报科学，1-8[2020-08-25]. http://kns.cnki.net/kcms/detail/22.1264.G2.20200521.1525.012.html.

[6] 魏扣，李子林，金畅. 社交媒体环境下档案知识聚合服务实现架构研究[J]. 档案学通讯，2018（06）：61-66.

[7] 夏立新，陈晨，王忠义. 基于多维度聚合的网络资源知识发现框架研究[J]. 情报科学，2016，34（05）：3-8.

[8] 吕琳露，李亚婷. 游记文本中的知识发现与聚合——以马蜂窝旅行网杭州游记为例[J]. 情报杂志，2017，36（07）：176-181+110.

[9] 赵夷平. 基于关联数据的机构知识库资源聚合与知识发现研究[D]. 长春：吉林大学，2018.

[10] 赵芳. 基于关联数据的网络社区学术资源聚合模式研究[J]. 图书馆学研究，2016（10）：49-52+101.

[11] 毕强，王传清，李洁. 基于语义的数字资源超网络聚合研究[J]. 情报科学，2015，33（03）：8-12.

[12] 商宪丽，王学东，张煜轩. 基于标签共现的学术博客知识资源聚合研究[J]. 情报科学，2016，34（05）：125-129.

[13] 陶兴，张向先，张莉曼，等. 网络学术社区跨平台用户生成内容知识聚合研究[J]. 情报理论与实践，2020，43（07）：151-156.

[14] 陶兴，张向先，郭顺利. 基于DPCA的社会化问答社区用户生成答案知识聚合与主题发现服务研究[J]. 情报理论与实践，2019，42（06）：94-98+87.

[15] 张海涛，宋拓，周红磊，等. 基于谱聚类的虚拟健康社区知识聚合方法研究[J]. 图书情报工作，2020，64（08）：134-140.

[16] Prat N，Comyn-Wattiau I，Akoka J. Combining objects with rules to represent aggregation knowledge in data warehouse and OLAP systems[J]. Data & Knowledge Engineering，2011，70（8）：732-752.

[17] ANDERLIKS，NEUMAYRB，SCHREFLM. Using domain ontologies as semantic dimensions in data warehouses[M]//Conceptual Modeling. Berlin：Springer Berlin Heidelberg，2012：88-101.

[18] Lynda，Tamine，Bilel. iAggregator：Multidimensional Relevance Aggregation Based on a Fuzzy Operator[J]. Journal of the American Society for Information Science & Technology，2014，65（10）：2062-2083.

[19] Martinez - Romo J，Araujo L，Duque Fernandez A. Sem Graph：Extracting key phrases following a novel semantic graph-based approach[J]. Journal of the Association for Info-rmation Science and Technology，2016，67（1）：71-82.

[20] Gadomer L，Sosnowski Z A. Knowledge aggregation in decision-making process with C-fuzzy random forest using OWA operators[J]. Soft Computing，2019，23（11）：3741-3755.

[21] Leontev M I，Islenteva V，Sukhov S V. Non-iterative Knowledge Fusion in Deep Con-volutional Neural Networks[J]. NEURAL PROCESSING LETTERS，2020，51（1）：1-22.

[22] Keikha M，Crestani F. Linguistic aggregation methods in blog retrieval[J]. Information Processing & Management，2012，48（3）：467-475.

[23] Coussement K，Benoit D，Antioco M. A Bayesian approach for incorporating expert opinions into decision support systems：a case study of online consumer-satisfaction detection[J]. Decision Support Systems，2015，79：24-32.

[24] Abu-Salih B，Wongthongtham P，Kit C Y. Twitter Mining for Ontology-based Domain Discovery Incorporating Machine Learning[J]. Journal of Knowledge Management，2018，22（5）：949-981.

[25] CLARKE A，STEELE R. Smartphone-based public health information systems：anonymity，privacy and intervention[J]. Journal of the Association for Information Science &Technology，2015，66（12）：2596-2608.

[26] Chengli Zhao，Dongyun Yi. Text resource emergence：discovering evolutionary event patterns from web texts[J]. Kybernetes，2013，41（9）：1386-1395（10）.

[27] 张莉曼，张向先，李中梅，等. 基于BP神经网络的智库微信公众平台信息传播力评价研究[J]. 情报理论与实践，2018，41（10）：93-99.

[28] 邓罗丹. 微信公众号文本的类别标注方法研究[D]. 北京：北京交通大学，2018.

[29] 佘静涛，卢振波. 基于微信的智能虚拟参考咨询系统设计与实现——以浙江工业大学图书馆为例[J]. 图书馆杂志，2020，39（07）：114-123.

[30] 郭山. 图书馆参考咨询服务应用WeChatPN+QAR模式探析[J]. 图书馆研究，2019，49（02）：66-70.

[31] 王秀娟. 基于半监督支持向量机的图书馆微信公众号内容分类管理研究[J]. 现代电子技术，2019，42（17）：177-179.

[32] 常金玲，胡艳芳. 基于微信公众平台的高校图书馆个性化知识服务建设研究[J]. 图书馆学研究，2016（20）：22-28.

[33] 王萍，张韫麒，朱立香，等. 政务微信公众号知识服务质量影响因素研究[J]. 图书情报工作，2018，62（23）：43-50.

[34] 宋雪雁，张祥青. 基于微信公众号的大学图书馆知识服务质量评价研究[J]. 现代情报，2020，40（02）：103-113+152.

[35] 邓婧，何婧. 高校学术期刊微信公众号知识服务策略[J]. 传播与版权，2020（02）：104-107.

[36] Ma WWK，Chan A. Knowledge sharing and social media：Altruism，perceived online attachment motivation，and perceived online relationship commitment[J]. COMPUTERS IN HUMAN BEHAVIOR，2014，39：51-58.

[37] Mills J，Reed M，Skaalsveen K，et al. The use of Twitter for knowledge exchange on sustainable soil management[J]. Soil Use and Management，2019，35（1）：195-203.

[38] Heyns W，Buckley S. A Twitter knowledge sharing model based on small businesses in the Western Cape[C]// 2019 Conference on Information Communications Technology and Society（ICTAS）. 2019.

[39] Gu X，Yang L，Cao S. Design and implementation of knowledge sharing system based on WeChat small program[C]// 2018 IEEE 3rd Advanced Information Technology，Electronic and Automation Control Conference（IAEAC）. IEEE，2018.

[40] He W，Zhang W，Tian X，et al. Identifying customer knowledge on social media through data analytics[J]. Journal of Enterprise Information Management，2019，32（1）：152-169.

[41] Ochikubo S，Komiya K，Saitoh F. Evaluation of Knowledge Acquisition from Document Clustering Based on Information Retrieval Scales[C]//2017 IEEE INTERNATIONAL CONFERENCE ON INDUSTRIAL ENGINEERING AND ENGINEERING MANAGEMENT（IEEM）. IEEE，2017.

[42] Wu He，Feng-Kwei Wang，Vasudeva Akula. Managing extracted knowledge from big social media data for business decision making[J]. Journal of Knowledge Management，2017，21（2）：275-294.

[43] Winarni，Dzulfikar M F，Handayani R C，et al. The Role of Social Commerce Features and Customer Knowledge Management in Improving SME's Innovation Capability[C]// 2018 6th International Conference on Cyber and IT Service Management（CITSM）. IEEE，2019.

[44] Sankaran P，Bheeman S，Priya KH. Factors Impacting Employee Engagement on Enterprise Social Media[C]//2017 IEEE/WIC/ACM INTERNATIONAL CONFERENCE ON WEB INTELLIGENCE（WI 2017）. 2017.

[45] Boateng，H. Customer knowledge management practices on a social media platform：A case study of MTN Ghana and Vodafone Ghana[J]. Information Development，2016，32（3）：440-451.

[46] Agherdien，Najma. Twitter and Edulink：Balancing Passive Consumption With Knowledge Creation[C]//PROCEEDINGS OF THE 6TH INTERNATIONAL CONFERENCE ON E-LEARNING. 2011.

[47] 毛艳青. 垂直类微信公众号的问题与优化对策[J]. 传媒，2018（03）：53-54.

[48] 孔薇. 科技期刊微信公众号信息传播效果和运营策略研究[J]. 中国科技期刊研究，2019，30（07）：745-753.

[49] 索传军. 网络信息资源组织研究的新视角[J]. 图书情报工作,2013,57(07)：5-12

[50] 杜晖. 基于耦合关系的学术信息资源深度聚合研究[D]. 武汉：武汉大学，2013.

[51] 王敬东. 基于知识聚合的数字图书馆信息智能检索模型[J]. 图书馆学研究，2014（21）：72-76，71.

[52] 李亚婷. 知识聚合研究述评[J]. 图书情报工作，2016，60（21）：128-136.

[53] Grant R M. Prospering in dinamically-competitive environments：organizational capability as knowledge integration[C]//Organization Science. 1996：375-387.

[54] 任皓，邓三鸿. 知识管理的重要步骤——知识整合[J]. 情报科学，2002（06）：650-653.

[55] ABEL F，MARENZI I，NEJDL W，et al. Sharing distributed resources in Learn Web2. 0[J]. Lecture notes in computer science，2009，5794：154-159.

[56] 曹树金，李洁娜，王志红. 面向网络信息资源聚合搜索的细粒度聚合单元元数据研究[J]. 中国图书馆学报，2017，43（04）：74-92.

[57] 刘晓娟，黄海晶，尤斌. 语义网技术在图书馆数字资源深度聚合中的应用[J]. 图书馆杂志，2015，34（06）：76-82.

[58] STEPHENS S，LAVIGNA D，DILASCIO M，et al. Aggregation of bioinformatics data using Semantic Web technology[J]. Web semantics：science services & agents on the World Wide Web，2006，4（3）：216 -221.

[59] 何超，张玉峰. 基于本体的馆藏数字资源语义聚合与可视化研究[J]. 情报理论与实践，2013，36（10）：73-76+39.

[60] Berners-Lee T. Linked Data-design Issues [EB/OL]. [2009-06-18]. http://www.w3. org/DesignIssues/LinkedData. html.

[61] 伍革新. 基于关联数据的数字图书馆资源聚合与服务研究[D]. 武汉：华中师范大学，2013.

[62] 丁楠，潘有能. 基于关联数据的图书馆信息聚合研究[J]. 图书与情报，2011（06）：50-53.

[63] Eleni Galiotoua，Pavlina Gragkou. Applying linked data technologies to Greek open govement data：A case study[C]. Procedia Social and Behavioral Sciences，2013：479-486.

[64] Olivier Cure. On the design of a self-medication web application built on linked open data[C]. Web Semantics：Science，Services and Agents on the World Wide Web，2014：27-32.

[65] 李俊，黄春毅. 关联数据的知识发现研究[J]. 情报科学，2013，31（03）：76-81.

[66] 毕强，尹长余，滕广青，王传清. 数字资源聚合的理论基础及其方法体系建构[J]. 情报科学，2015，33（01）：9-14+24.

[67] CHAKRABORTY P，RAY S，MAHANTI A. Use of tags in recommend systems：a survey [M]. Calcutta：IIMC，2010.

[68] KIU C C，TSUI E. TaxoFolk：a hybrid taxonomy-folksonomy structure for knowledge classification and navigation[J]. Expert systems with applications，2011，38（5）：6049-6058.

[69] 贯君，王雨，吴海媛. 基于社会网络分析的数字图书馆资源聚合实证研究[J]. 数字图书馆论坛，2014（06）：8-15.

[70] 毕强，王雨，孙畅. 数字图书馆资源聚合模式研究——基于社会网络分析的视角[J]. 数字图书馆论坛，2014（06）：2-7.

[71] 白新国，曲蕴慧. 基于主题图的文献资源组织模型及应用研究[J]. 计算机与数字工程，2010，38（10）：47-49.

[72] 王学东，胡宋敏，谢辉，丁帅，曹高辉. 多模态网络主题资源聚合与实证研究[J]. 情报科学，2014，32（07）：9-13.

[73] 王萍. 基于概率主题模型的文献知识挖掘[J]. 情报学报，2011，30（6）：583-590.

[74] ROSEN-ZVI M，GRIFFITHS T，STRYVERS M，et al. The author -topic model for authors and documents[C]//Conference on un-certainty in artificial intelligence. Corvallis：AUAI Press，2012：487-494

[75] 商任翔. 基于主题模型的中医药隐含语义信息挖掘[D]. 杭州：浙江大学，2013.

[76] Indurkhya，N.（2015），Emerging directions in predictive text mining. WIREs Data Mining Knowl Discov，5：155-164. https://doi.org/10.1002/widm.1154

[77] 胡小娟. 基于特征选择的文本分类方法研究[D]. 长春：吉林大学，2018.

[78] 陈开昌. 自然语言处理技术中的中文分词研究[J]. 信息与电脑（理论版），2016（19）：61-63.

[79] 阿塔夫・法辛达，戴安娜・英克彭. 社交媒体自然语言处理[M]. 北京：中国宇航出版社，2019.

[80] Salton G，Wong A，Yang C S. A vector space model for automatic indexing[J]. Communications of the ACM，1975，18（11）：613-620.

[81] Deerwester S. Indexsing by latent semantic analysis[J]. Journal of the association for information Science & Technology，1990，41（6）：391-407.

[82] Wang L. Lexical semantic SLVM for semi-structured document classification[J]. Journal of Information &Computational Science，2015，12（1）：307-316.

[83] Callon M，Law J，Rip A. Mapping the dynamics of science and technology：socioloty of science in the real world[M]. The Macmillan Press，1986.

[84] 高茂庭. 文本聚类分析若干问题研究[D]. 天津：天津大学，2007.

[85] 周鹏，蔡淑琴，石双元，等. 基于关键词抽取的微博舆情事件内容聚合[J]. 情报杂志，2014，33（01）：91-96.

[86] 夏火松，李保国，杨培. 基于改进K-Means聚类的在线新闻评论主题抽取[J]. 情报学报，2016，35（01）：55-65.

[87] 赵京胜，宋梦雪，高祥. 自然语言处理发展及应用综述[J]. 信息技术与信息化，2019（07）：142-145.

[88] 张玉峰，朱莹. 基于Web文本挖掘的企业竞争情报获取方法研究[J]. 情报理论与实践，2006（05）：563-566.

[89] OECD. The Knowledge -based economy[R/OL].[2017-08-10]. http://www.oecd.org/sti/sci-tech/1913021.pdf.

[90] Miles I. Knowledge intensive business services：Prospects and policies[J]. The Journal of Future Studies Strategic Thinking and Policy，2005，（7）：39-63.

[91] 陈艳春，杨继成. 知识服务过程改进探讨[J]. 石家庄铁路职业技术学院学报，2006（S1）：75-78.

[92] 任庆芳. 知识服务的特点及运营模式[J]. 科技情报开发与经济，2005（09）：63-65.

[93] 李霞. 知识服务平台构建的若干问题研究[D]. 沈阳：东北大学，2008.

[94] 张晓林. 走向知识服务[M]. 成都：四川大学出版社，2001.

[95] 马文峰，杜小勇. 知识检索研究[J]. 情报理论与实践，2006（02）：157-160+219.

[96] 贺德方，曾建勋. 基于语义的馆藏资源深度聚合研究[J]. 中国图书馆学报，2012，38（4）：79 -87.

[97] CONCORDIA C，GRADMANN S，SIEBINGA S. Not（just）a repository，nor（just）a digital library，nor（just）a portal：a portrait of European as an API. [EB/OL]. [2014-02-06]. http://www.ifla.org/files/hq/papers/ifla75/193-concordi-en.pdf.

[98] Stanisaw Osiński，Jerzy Stefanowski，Dawid Weiss. Lingo：Search Results Clustering Algorithm Based on Singular Value Decomposition[C]. Advances in Soft Computing，Intelligent Inf-ormation Processing and Web Mining，2004：359-368.

[99] 张德云. 网络环境下图书馆知识导航服务模式探索[J]. 图书馆学研究，2013（11）：76-79.

[100] PURWITASARI D，OKAZAKI Y，WATANABE K. Data mining for navigation generating system wit-h unorganized Web resources[J]. Lecture notes in computer science，2008，5177：598-605.

[101] 邵慧丽，张帆. 基于知识发现数字图书馆知识服务研究[J]. 图书馆，2016（02）：70-73.

[102] 廖晓锋，王永吉，周津慧，等. 一种领域专家文献自动收集系统[J]. 计算机系统应用，2012，21（6）：115-120.

[103] VIVO：enabling the national networking of scientists[EB/OL]. [2014-01-29]. http://vivoweb.org/.

[104] 陈毅波. 基于关联数据和用户本体的个性化知识服务关键技术研究[D]. 武汉：武汉大学，2012.

[105] 周文乐，朱明，陈天昊. 一种基于网站聚合和语义知识的电影推荐方法[J]. 计算机工程，2014，40（08）：277-281.

[106] 黄微，高俊峰，王晨，等. 基于社会网络分析的隐性知识推送服务方法研究[J]. 现代图书情报技术，2014，（2）：48-54.

[107] WENZEL F，KIE β LING W. Aggregation and analysis of enriched spatial user models from l-ocation-based social networks[C]//The workshop on

managing & mining enriched geo-spatial data. New York：ACM，2014：1-6.

[108] 吕元智. 基于小数据的数字档案资源知识集成服务研究[J]. 档案学通讯，2016（06）：47-51.

[109] 林海伦，王元卓，贾岩涛，等. 面向网络大数据的知识融合方法综述[J]. 计算机学报，2017，40（01）：1-27.

[110] 梁孟华. 面向用户的数字档案资源跨媒体知识集成服务研究[J]. 档案学研究，2016（06）：49-54.

[111] 杜秀英. 基于聚类与语义相似分析的多文本自动摘要方法[J]. 情报杂志，2017，36（06）：167-172.

[112] 唐晓波，翟夏普. 基于混合机器学习模型的多文档自动摘要[J]. 情报理论与实践，2019，42（02）：145-150.

[113] 董克，程妮，马费成. 知识计量聚合及其特征研究[J]. 情报理论与实践，2016，39（6）：47-51.

[114] 郭顺利. 社会化问答社区用户生成答案知识聚合及服务研究[D]. 长春：吉林大学，2018.

[115] Cooper Alan. The Inmates Are Running the Asylum[M]. New York：Macmillan Computer Pub，1999：123-128.

[116] Ma Z，Silver D L，Shakshuki E M. User profile management：reference model and web services implementation[J]. International Journal of Web & Grid Services，2010，6（1）：1-34.

[117] 刘海鸥，孙晶晶，苏妍嫄，等. 国内外用户画像研究综述[J]. 情报理论与实践，2018，41（11）：155-160.

[118] 余孟杰. 产品研发中用户画像的数据建模[J]. 设计艺术研究，2014，4（6）：62-64。

[119] 万家山，陈蕾，吴锦华，等. 基于KD-Tree聚类的社交用户画像建模[J]. 计算机科学，2019，46（S1）：442-445+467.

[120] 曾建勋. 精准服务需要用户画像[J]. 数字图书馆论坛，2017（12）：1.

[121] Pazzani M J，Billsus D. Content-Based recommendation system[M]. Heidelberg：Springer，2007：325-341.

[122] Zixuan Cheng，Xiangxian Zhang. A novel intelligent construction method of individual portraits for WeChat users for future academic networks[J]. Journal of Ambient Intelligence and Humanized Computing，2020（prepublish）.

[123] Li J，Zuo X Q，Zhou M Q，et al. Mining Explainable User Interests from Scalable User Behavior Data[J]. Procedia Computer Science，2013，17：789-796.

[124] 吴剑云，胥明珠. 基于用户画像和视频兴趣标签的个性化推荐[J/OL]. 情报科学，1-7[2020-0806]. http://kns.cnki.net/kcms/detail/22.1264.g2.20200430.1545.017.html.

[125] Maleszka B. A method for knowledge integration of ontology-based user profiles in personalised document retrieval systems[J]. Enterprise Information Systems，2019，13（7-8）：1143-1163.

[126] Bertani R M，Bianchi R A C，Costa A H R. Combining novelty and popularity on personalised recommendations via user profile learning[J]. Expert Systems with Applications，2020，146：113149.

[127] 安璐，周亦文. 恐怖事件情境下微博信息与评论用户的画像及比较[J]. 情报科学，2020，38（04）：9-16.

[128] 陈添源. 高校移动图书馆用户画像构建实证[J]. 图书情报工作，2018，62（07）：38-46.

[129] 王曰芬，周玹宇，李堜. 大数据时代科研用户的知识创新服务需求调查[J/OL]. 图书馆论坛：1-9[2021-06-03]. http://kns.cnki.net/kcms/detail/44.1306.g2.20210203.1032.002.html..

[130] 覃山芳. 广西本科高校图书馆微信公众平台服务现状调查与研究[J]. 广西职业技术学院学报，2020，13（05）：112-116.

[131] 陈添源.移动图书馆用户市场细分实证研究[J].图书情报工作，2016，60（01）：37-44.

[132] 王娜，李雅静.面向用户需求的知识付费类App服务体系构建研究[J].现代情报，2019，39（10）：66-77.

[133] 李雪莲，刘德寰.生命周期视角下青少年网络游戏使用行为研究[J].现代传播（中国传媒大学学报），2016，37（8）：122-129.

[134] 李昊青，兰月新，侯晓娜，等.网络舆情管理的理论基础研究[J].现代情报，2015，35（5）：25-29，40.

[135] Reijo Savolainen. Conceptualizing information need in context. [J]. Information Research：An International Electronic Journal，2012，17（4）

[136] Taylor R S. Question-Negotiation and Information Seeking in Libraries[J]. College & Research Libraries，2015，76（3）：251-267.

[137] 易明，宋景璟，杨斌，陈君.网络知识社区用户需求层次研究[J].情报科学，2017，35（02）：22-26.

[138] Yang Y，He L，Qiu M. Exploration and improvement in keyword extraction for news based on TFIDF[J]. Energy Procedia，2011（13）：3551-3556.

[139] 顾益军，夏天.融合LDA与TextRank的关键词抽取研究[J].现代图书情报技术，2014（Z1）：41-47.

[140] 刘奇飞，沈炜域.基于Word2vec和TextRank的时政类新闻关键词抽取方法研究[J].情报探索，2018（06）：22-27.

[141] 李航，唐超兰，杨贤，沈婉婷.融合多特征的TextRank关键词抽取方法[J].情报杂志，2017，36（08）：183-187.

[142] 徐立.基于加权TextRank的文本关键词提取方法[J].计算机科学，2019，46（S1）：142-145.

[143] Zhang T，Ramakrishnan R，Livny M，et al. BIRCH：an efficient data clustering method for very large databases[C]. international conference on management of data，1996，25（2）：103-114.

[144] 张虎. 文本聚类在IT运维系统中的应用研究[D]. 西安：西安工程大学，2016.

[145] 维基百科语料库：https://dumps.wikimedia.org

[146] 余传明，郭亚静，朱星宇，等. 基于最大边界相关度的抽取式文本摘要模型研究[J/OL]. 情报科学，1-9[2020-12-26]. http://kns.cnki.net/kcms/detail/22.1264.G2.20200521.1530.016.html.

[147] H. P. Luhn，The Automatic Creation of Literature Abstracts，in IBM Journal of Research and Development，vol.2，pp.159-165，Apr.1958，doi：10.1147/rd.22.0159.

[148] 徐馨韬. 基于Doc2Vec和改进的TextRank的中文单文档摘要研究[D]. 北京：中国电子科技集团公司电子科学研究院，2019.

[149] 冀中，樊帅飞. 基于超图排序算法的视频摘要[J]. 电子学报，2017，45（05）：1035-1043.

[150] Ngo CW，Ma YF，Zhang HJ. Automatic video summariza-tion by graph modeling[A]. Proceedings of the Ninth IEEE International Conference on Computer Vision[C]. Nice：IEEE，2003. 104-109.

[151] 谭旭. 基于NSCC模式的数字图书馆用户需求研究[D]. 武汉：华中师范大学，2017.

[144] 张阳. 文本聚类在IT运维系统中的应用研究[D]. 西安: 西安[illegible]大学, 2014.

[145] [illegible]. https://[illegible].org

[146] [illegible]. 基于[illegible]大[illegible]文本[illegible][J]. [illegible], 2020-12-26. http://kns.cnki.net/kcms/detail/[illegible].html

[147] H. P. Luhn. The Automatic Creation of Literature Abstracts[J]. IBM Journal of Research and Development, [illegible]: 159-165.

[148] [illegible]. 基于TextRank[illegible]文本[illegible][D]. 北京: [illegible], 2019.

[149] [illegible].

[150] Ngo C W, Ma Y F, Zhang HJ. Automatic video summarization by graph modeling[A]. Proceedings of the Ninth IEEE International Conference on Computer Vision, Nice, France, 2003: 104-109.

[151] [illegible][D]. [illegible], 2017.